图书在版编目（CIP）数据

地球与太空. Ⅱ, 太空传奇 / 美国阿默斯特媒体公
司著 ; 青年天文教师连线译. —— 北京 : 北京联合出版
公司, 2018.11（2020.5重印）
　ISBN 978-7-5596-2706-3

Ⅰ. ①地… Ⅱ. ①美… ②青… Ⅲ. ①地球 – 摄影集
②宇宙 – 摄影集 Ⅳ. ①P183-64②P159-64

中国版本图书馆CIP数据核字(2018)第233664号

北京版权局著作权合同登记 图字：01-2018-6849号

地球与太空 Ⅱ： 太空传奇

作　　者　[美]阿默斯特媒体公司
译　　者　青年天文教师连线
责任编辑　李　红　徐　樟
项目策划　紫图图书 ZITO®
监　　制　黄　利　万　夏
特约编辑　路思维　吴　青
营销支持　曹莉丽
装帧设计　紫图图书 ZITO®

北京联合出版公司出版
（北京市西城区德外大街 83 号楼 9 层　100088）
北京瑞禾彩色印刷有限公司印刷　新华书店经销
字数50千字　889毫米×1194毫米　1/16　11印张
2018年11月第1版　2020年5月第2次印刷
ISBN 978-7-5596-2706-3
定价：199.00元

编者的话

哈勃，是每个人心中的传奇

提及宇宙，人们都会被壮丽的太空景象所震撼，那些光年之外的遥远世界，一直是人类不断征服的领地。让我们得以深刻认知宇宙的功臣，当属 NASA 最知名的望远镜——哈勃望远镜。我们目前看到的太空图片，其中的 80% 由哈勃回传，它是当之无愧的"太空之眼"。

通过哈勃，我们得以追捕到宇宙的第一束光、测出了宇宙的年龄、知道了什么是暗物质、看到了目前深空场最远处……哈勃拍摄的图像既有太阳系内的天体，又有从未进入过人类视野的遥远星系，不断地刷新着人类观测宇宙的记录。可以说，哈勃从根本上改变了我们对宇宙的认识。

1990 年 4 月 24 日，哈勃空间望远镜在美国弗罗里达州的肯尼迪航天中心由"发现"号航天飞机送入太空，号称史上最强天文望远镜。其名字来源于美国著名天文学家埃德温·哈勃，以此纪念这位 20 世纪最伟大的科学家之一。升空至今，哈勃已经执行了上百万次观测任务，是人类历史上最高产的望远镜，它的重大发现几乎涵盖了天文学研究的每一个领域。

本书作为哈勃望远镜的宇宙探索全记录，精心选取了从 1990 年到 2017 年的有关行星、卫星、恒星、太阳系、彗星、超新星、星系、黑洞等百余幅经典图像，以全彩大开本的精美装帧，展示了哈勃望远镜是如何开启宇宙探索之路。为了得到这些绚丽的图像，科学家必须从相机本身产生的干扰信号中分离出那些有用的信号，然后再通过技术手段进行合成。毫无疑问，这个过程是十分繁琐且艰巨的。

鉴于时代科技水平所限及某些客观因素，例如所搭载相机本身的视场大小以及天体之间的距离限制，导致有些图像并没有达到高度清晰的标准。本书完整地呈现了哈勃拍摄的具有"时代感"的图片，正是因为哈勃成像的不完美，才激励人们更加深入地研究和探索，一步一步地了解宇宙的过去和未来。

现在的哈勃已经处于超期服役的状态，也许在未来的某一天，它终将会葬身于一生深爱的宇宙当中。尽管如此，在人们的心中，哈勃已经不仅仅是一架望远镜，更是一个标志，一部传奇，一个令许多人难以割舍的时代。

Contents 目录

Chapter 7

星系 115

Chapter 8

星系团：引力透镜 155

空间望远镜的未来 171

缩写词对照表 174

索引 175

FOREWORD

序言

An Introduction to Hubble Images

哈勃图集简介

哈勃空间望远镜拍摄的太空图像非常惊艳。本书中的图像将为您带来乐趣与灵感，还开启了通过哈勃空间望远镜探索外太空的大门。本书中的图像注解简洁明了，采用非技术术语为"太空新人"提供足够的背景知识。有关哈勃的更深入、更详细的信息可以在互联网上找到。

这本哈勃空间望远镜图集是简单而美丽的。其中的每一张图都是与众不同的，诉说着我们太阳系以及遥远的太空世界的过去与未来。从行星到恒星，再到超新星、黑洞、星系以及宇宙大爆炸之初，时空的跨度超乎想象——它们大多数是在光年之外。这些图像为我们展示了宇宙中那些遥远暗弱的天体、那些极端的热和极端的冷以及宇宙在最初的模样。哈勃空间望远镜拍摄的图像勾起了我们的好奇心，加深了我们对太阳系和星际探索的兴趣。

这些图像由美国国家航空航天局（NASA）以及很多相关部门精心制作并科学记录、存储。美国国家航空航天局及其社区与全世界分享哈勃的图像和收集到的数据。本书中的图像仅展现了哈勃收集到的数据中很小的一部分。事实上，还有大量的数据有待在科学研究中被查阅以及被转化成图像。哈勃图集以及相关的数据已经回答了众多科学问题。正如它在回答科学问题时经常发生的那样，更多、更重要的问题出现了——包括太空、物理、生命，还有宇宙。不少哈勃拍摄的经典图像已经随着图像处理技术的改善或者其他望远镜和设备补充的数据而更新（而且以后还会更新）。许多科学家、艺术家将继续工作，因为数据的收集工作仍在继续，这些有用的数据将继续增加我们对宇宙的乐趣和知识。

作为策展人和编辑，我试图按照获取每幅图像的网站的要求提供图像来源。但是类似的图像可以从不同的网站获得，并被提供了不同的图像来源。如果我遗漏了谁，请与我联系，我将在未来版本中进行修改。此外，如果您想解释您的图像处理过程，请随时与我们联系。对于那些未被选中的图像的作者，我也想收到您的来信。

哈勃空间望远镜和其他未来的空间望远镜收集到的很多信息和奇妙图像都还没有为人所知，还有很多重大的发现等待我们去探索。

现在，请跟随哈勃，开始一场愉快的太空之旅！

贝丝·阿莱塞（Beth Alesse），编辑 / 策展人
BAlesse@HubbleImagesfromSpace.com

The Hubble Telescope
哈勃空间望远镜

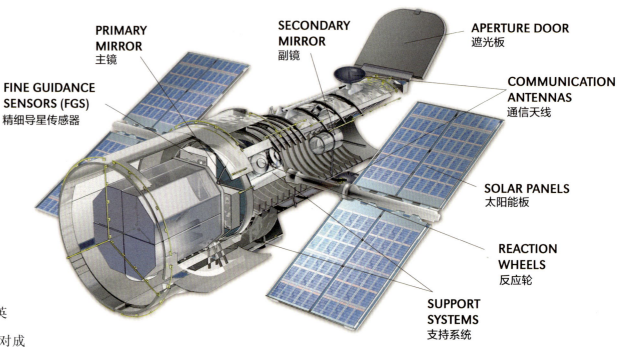

PRIMARY MIRROR
主镜

SECONDARY MIRROR
副镜

APERTURE DOOR
遮光板

FINE GUIDANCE SENSORS (FGS)
精细导星传感器

COMMUNICATION ANTENNAS
通信天线

SOLAR PANELS
太阳能板

REACTION WHEELS
反应轮

SUPPORT SYSTEMS
支持系统

在 1609 年，意大利科学家伽利略·伽利雷（Galileo Galilei）将当时新发明的望远镜用作观测夜空。他的这一观测决定性地改变了人类对宇宙的理解。400 年后，以天文学家埃德温·哈勃（Edwin Hubble）命名的哈勃空间望远镜同样改变着我们对宇宙的基础认知。

　　哈勃空间望远镜的轨道高度距地面约 340 英里（合 550 千米），因此哈勃可不受地球大气层对成像带来的不利影响，包括模糊星像和阻挡某些波长的光线到达地面望远镜。在地球大气层之外，哈勃空间望远镜的观测活动会更加稳定、精细和敏锐。目前哈勃空间望远镜的运行已近 30 年，已经进行了数以百万次的观测，从中产生了超过 14 000 份科学出版物。哈勃空间望远镜除了成为世界范围内的文化符号外，其科学发现同样是非常重要的。

　　1990 年，在美国太空计划和欧洲空间局的合作下，发现者号航天飞机搭载着哈勃空间望远镜发射升空。后续又有多次维护任务对哈勃进行了硬件和软件的更新，使得这一有史以来最重要的科学仪器之一

能继续运行下去。

　　太阳能板为哈勃空间望远镜的运行提供了能源。它使用通信天线将数据回传给地面的科学家。哈勃空间望远镜有两片镜面：主镜和副镜。如果望远镜内部需要保护，它的遮光板可以关闭。精细导星传感器可以帮助望远镜在曝光期间时刻对准它所拍摄的目标。上图是这个复杂设备的主要组成部分，它需要先进的软件和许多科学技术人员共同来维护和操作。

Hubble Service Missions
哈勃空间望远镜的维护任务

哈勃空间望远镜的设计可以使宇航员在太空对其进行维修。哈勃执行任务期间，对它一共进行了五次维护，更换、修复和升级了望远镜上的系统，包括 2009 年之前的五个主要仪器。发射升空后的前三年（即 1990 年到 1993 年），哈勃空间望远镜一直在使用有缺陷的镜面观测，直到进行了光学改正。尽管如此，天文学家们选取了一些不太困难的目标以抵消镜子的缺陷，哈勃空间望远镜在这些目标上仍然完成了富有成效的观测任务。在 2003 年哥伦比亚号航天飞机失事后，第五次维护任务几近取消。

直至 2017 年，哈勃空间望远镜仍在运行，计划至少服役到 2019 年詹姆斯·韦伯空间望远镜（James Webb Space Telescope，JWST）发射并投入运行。哈勃的最终退役时间可能是 2030 年，甚至是 2040 年。毫无疑问的是，只要还能工作，哈勃空间望远镜和它的继任者詹姆斯·韦伯空间望远镜就有大量的工作等着去完成。

右边这组图片展示的是哈勃空间望远镜拍摄的同一个星系——M100 在安装用来改正像差的校正光学组件前后的对比（左图为改正前）。截至 2009 年，除先进巡天相机（Advanced Camera for Surveys，ACS）的高分辨率通道外，最初的观测仪器中所有被替换过的均工作正常。

星系M100的对比照片

Chapter 1
Seeing Space Through the Hubble Telescope

通过哈勃空间望远镜看太空

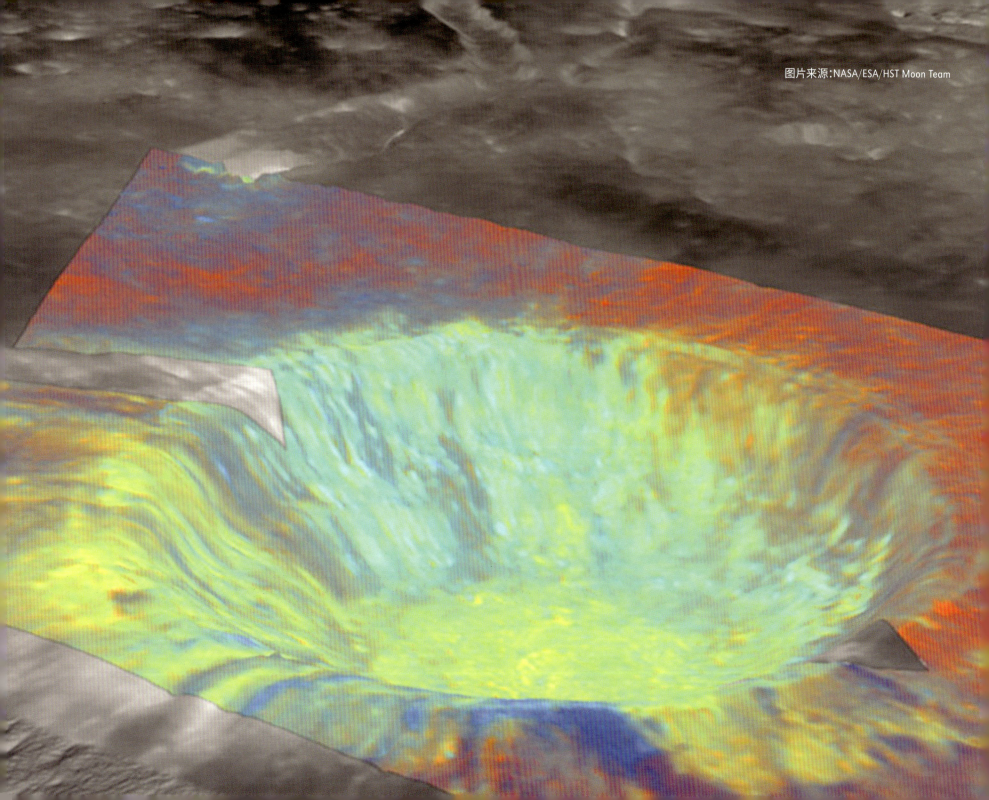

图片来源：NASA/ESA/HST Moon Team

眼睛让我们看到周遭的世界，并了解宇宙的大部分内容。望远镜的发明则延伸了我们视线可及的宇宙空间。然而，即使是最强大的望远镜，地球的大气层湍流也会使被观测天体的图像变得扭曲和模糊。虽然望远镜可以放大被拍摄的天体，但是光波会在地球的大气层中弥散和弯曲。哈勃空间望远镜的轨道在地球大气层之上，因此其拍摄的图像远比地面上的望远镜拍摄的清晰。

哈勃眼中的月球

这两张高分辨率紫外线和可见光图像（右图）展现的是阿波罗 17 号在 1972 年登陆的金牛—利特罗峡谷。图像中红色的 X 标记的是阿波罗 17 号的着陆点。右上角是留下来的登月舱下降级部分，大小如同一辆小卡车，但是哈勃空间望远镜仍然无法观测到。哈勃空间望远镜在这样的距离能看到的最小物体约为 60 ~ 75 码（约为 55 ~ 68 米。——译者注）。

哈勃空间望远镜可以看到人眼所无法看到的东西。阿利斯塔克环形山的彩色合成图像（左页图）使用了紫外线到可见光信息来强调月球表面物质的差异，这有助于表明月球表面可能含有钛铁矿、火山玻璃和其他物质。这对于未来的月球探测任务中的物质鉴定来说是有用的。

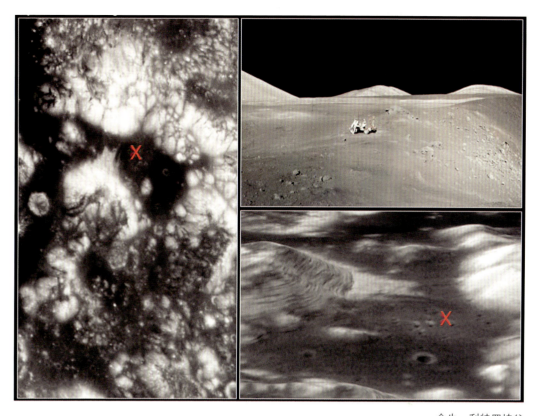

金牛—利特罗峡谷

图片来源：NASA/ESA/HST Moon Team

17

哈勃能观测到的波段有哪些？

美国国家航空航天局完成了哈勃空间望远镜的维护任务后，哈勃空间望远镜可以通过 6 种仪器观测宇宙：

滤镜用来记录和微调特定范围的光波。

先进巡天相机观测的波段包括：紫外辐射、可见光、近红外。

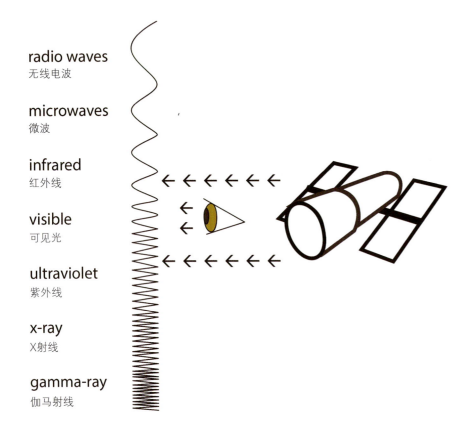

radio waves
无线电波

microwaves
微波

infrared
红外线

visible
可见光

ultraviolet
紫外线

x-ray
X射线

gamma-ray
伽马射线

宇宙起源摄谱仪（Cosmic Origins Spectrograph, COS）将紫外辐射分解成更小的部分供科学家们研究星系演化，例如恒星是如何形成的。

精细导星传感器帮助哈勃空间望远镜对准和锁定导星，并测量它们的相对亮度以确定望远镜目前正在拍摄的方向，它帮助哈勃空间望远镜对准在正确的方向上。而且这些传感器本身也可以进行精确的测量。

近红外相机和多目标摄谱仪（Near Infrared Camera and Multi-Object Spectrometer，NICMOS）对红外线敏感，可以透过深空中的气体和尘埃观测到被遮挡住的目标。

空间望远镜成像光谱仪（Space Telescope Imaging Spectrograph，STIS）的目的是将光线分成如下几种成分：可见光、紫外线、红外线。不幸的是，该仪器目前已经不再工作了。然而，第三代大视场相机（Wide Field Camera 3，WFC3）可以用来观测近红外、远红外和紫外线，所以它可以替代大部分 NICMOS 和 STIS 的功能。

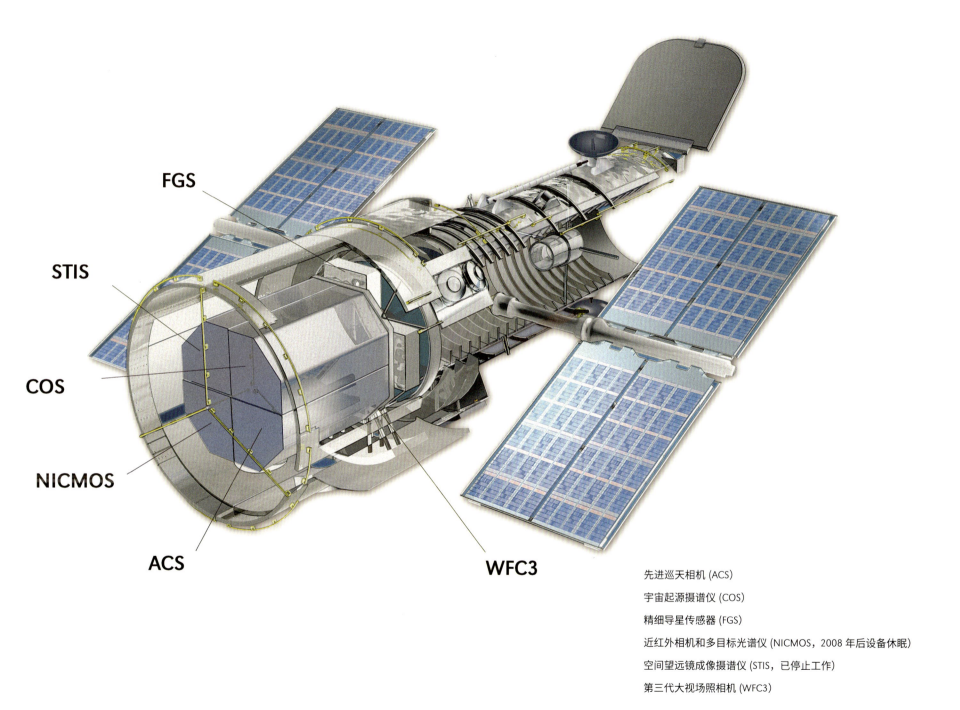

FGS

STIS

COS

NICMOS

ACS

WFC3

先进巡天相机 (ACS)

宇宙起源摄谱仪 (COS)

精细导星传感器 (FGS)

近红外相机和多目标光谱仪 (NICMOS，2008 年后设备休眠)

空间望远镜成像摄谱仪 (STIS，已停止工作)

第三代大视场照相机 (WFC3)

恒星的亮度

　　古希腊人曾记录下了星星的亮度，他们使用更高的星等来表示更暗的星——从 1 等星到 6 等星。1610 年，伽利略将他的望远镜指向夜空，发现了从前没有见过的、比 6 等更暗的星，因此增加了 7 等星。随着望远镜的功能日益强大，天文学家们所能观测到的星等也不断提高。如今，哈勃空间望远镜所能观测到的目标最暗可达 31 等。同样，我们也可以记录那些比 1 等星更亮的目标，方法是使用 0 等甚至负数来记录这些目标的亮度。比如太阳（右图，由太阳动力学天文台 SDO 拍摄），星等为 -26.7 等。

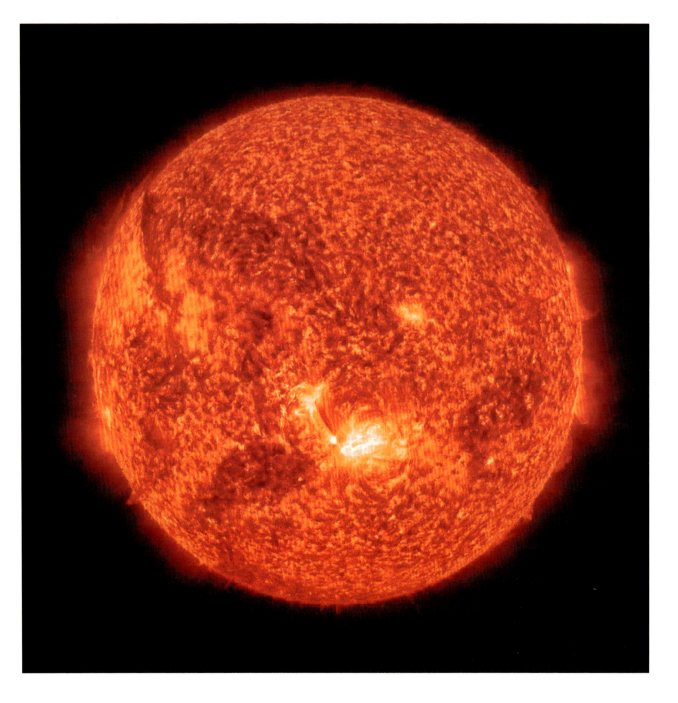

太阳动力学天文台拍摄的太阳

图片来源:NASA/SDO

星等的类型

星等可以分为多种类型。视星等指的是一个目标从地球的夜空看过去的亮度。绝对星等是将一个目标放置在距地球指定距离时所测量的亮度。绝对热星等是指一个目标所有波段的光度，而不仅仅是可见光波段。哈勃空间望远镜拍摄的许多图像都是由可见光、红外线以及其他波段的图像合成的。

IC342星系（左图）是非常亮的天体，以至于我们在地球上使用双筒望远镜就能观测到它。图中的亮蓝色区域是较热的恒星形成区。

星系IC342

图片来源：ESA/Hubble & NASA

明与暗

　　哈勃空间望远镜所拍摄的图像通常包含许多类型的目标，而这些目标又有不同的光度、细节和亮度。最终的图像是由多台仪器所记录的不同波长的数据组合而成。因此，需要明与暗的平衡来显示图像中正在发生的事情。

　　例如在这张哈勃望远镜拍摄的图像中（左图），图像的中上部有一颗年轻的恒星，编号为 SSTC2D J033038.2+303212，周围伴随着一些形状像盘状或者碟状的物质。恒星的下方是一个反射星云——[B77]63。在星云中包含了两颗恒星，即 LkHA326 和 LZK18，它们的光照亮了星云中的气体。在星云 [B77]63 的前方是一个暗星云，称作土桥 4173（因该星表作者为日本天文学家土桥一仁。——译者注）。它之所以被称为暗星云，是因为其中的物质遮蔽了后方的光线。在这一区域的恒星实际上是在星云的前方，而不是星云的一部分。

这张图像中包含了恒星、星云以及一些形状像盘状或碟状的物质

图片来源：ESA/Hubble & NASA

太空的颜色

　　哈勃拍摄的图像通常开始于一个目标不同波段的三张黑白图像。当它们被合成时，每个波段将会被赋予一种颜色。这种复合图像传达了科学家对这些研究对象的理解。

　　哈勃拍摄的图像通常和许多其他仪器拍摄的图像合成在一起，因为其他仪器可以记录下目标的其他特性。这张蟹状星云的图像使用了来自其他四种不同仪器的数据，并结合了哈勃空间望远镜拍摄的可见光波段。

蟹状星云合成图像

图片来源：NASA, ESA, G. Dubner（IAFE, CONICET University of Buenos Aires）et al.; A. Loll et al.; T.Temim et al.; F. Seward et al.; VLA/NRAO/AUI/NSF;Chandra/CXC; Spitzer/JPL- Caltech; XMM-Newton/ESA; and Hubble/STScI

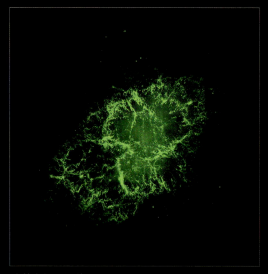

哈勃空间望远镜：
可见光波段，图中用绿色表示

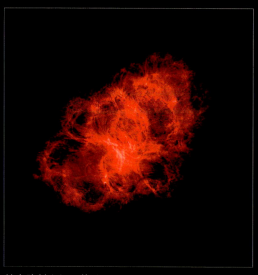

甚大阵射电望远镜（Very Large Array）：
射电波段，图中用红色表示

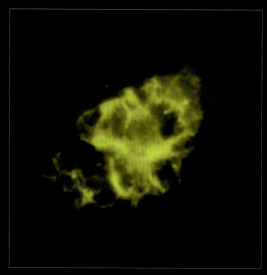

斯皮策空间望远镜（Spitzer Space Telescope）：
红外线，图中用黄色表示

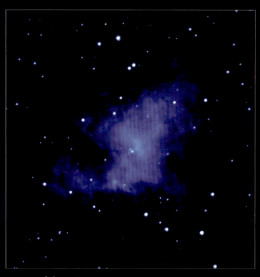

XMM-牛顿卫星：
紫外线波段，图中用蓝色表示

钱德拉X射线天文台（Chandra X-ray Observatory）：
X射线波段，图中用紫色表示

谷神星位于火星与木星轨道之间。

图片来源: NASA, ESA, J. Parker (Southwest Research Institute), Thomas (Cornell University), L. McFadden (University of Maryland, College Park), and M. Mutchler and Z. Levay (STScI)

冥王星的卫星卡戎（冥卫一，Charon）距离冥王星 0.000624光年，位于太阳系内。

图片来源:NASA, ESA, H. Weaver (JHUAPL), A. Stern (SwRI), and the HST Pluto Companion Search Team

林尼尔彗星/252P 是一颗近地天体，发现于2010年。它运行在一个椭圆轨道上，有时会非常接近太阳。

图片来源: NASA, ESA, and J.-Y. Li (Planetary Science Institute)

放眼远方

当一个目标距离我们越远，它看起来就越暗淡。无论是我们的肉眼，还是地面上的望远镜，甚至是哈勃空间望远镜乃至星系引力透镜，都无法看到宇宙中最遥远的目标。对于那些太阳系中离我们较近的目标，使用哈勃空间望远镜的观测效果与地面上的望远镜相比并没有清晰很多。这是事实，因为这些目标本身并不发光，只是反射太阳光。

太阳系中离我们更远的目标的表面细节比更近的目标要少，例如我们所观测到的冥王星表面的细节就比土星的卫星要少。

同样的道理也适用于拍摄更遥远的目标，例如恒星、星系还有星系团，即使它们自己会发光。随着观测的仪器和技术变得更加精细，我们的数据收集变得更有成效，我们可以看得更远。那些宇宙中遥远天体的图像大大加深了我们对它们以及对离我们更近的世界的理解。

星系NGC2768是一个椭圆星系，距离地球6500万光年。它的中心是一个特大质量黑洞。

图片来源: NASA/ESA/Hubble

天文距离单位一光年等于光在真空中一年时间内传播的距离，知道这一点是很有用的。冥王星和它的卫星卡戎（Charon，上图 ② 中靠近左侧中间位置）或许看起来很像恒星，但是它们属于太阳系，距离我们的距离仅仅是一光年的很小一部分。另一方面，星系 NGC2768 的图像看起来比冥王星和卡戎更小，但是它离地球约 6500 万光年，而且它可能包含了超过一百万颗恒星。

真彩色与假彩色

搭载在哈勃空间望远镜上的仪器对特定范围的电磁波非常敏感。每一张图像都是从一张单色图像开始的。当这张图开始与其他仪器获取的数据进行合成时，它的颜色开始看起来更真实。有时候这些图像反映的是真实的色彩。但是，一些哈勃图像的色彩通常是与其他仪器获得的数据结合的结果，而且是我们人眼无法看到的，如红外线和紫外线数据。特定波段的电磁波被赋予不同的颜色，由此得到了假彩色图像，使得我们可以看到那些本来看不到的东西。这让那些存在但是并不可见的东西变得有模有样。

像素与分辨率

许多观测对象被拍摄的图像只是它本身的极小一部分。当缩放到更近的视角时，分辨率会下降，图像也变得像素化。哈勃的硬件和软件经过多次升级，提升了图像的质量。所以，当查看一个低分辨率图像时，例如本页及前页的图像，我们应该能猜到这些是哈勃进行升级之前拍的图像，或者是非常遥远的目标被放大过很多倍后得到的图像。这些像素化的图像告诉我们关于观测目标的事实，这些图像尽管不如那些高分辨率图像美丽，但一样具有开创性的科学价值。

Chapter 2
Our Solar System
我们的太阳系

水星

　　对于哈勃空间望远镜的相机来说，水星距离太阳太近了（出于对相机的保护目的，哈勃无法直接观测水星。——译者注）。所以，以下这些水星的图像是由水星探测器拍摄的。这些图像中使用了和哈勃空间望远镜拍摄遥远天体时所用到的相似的色彩处理技术。

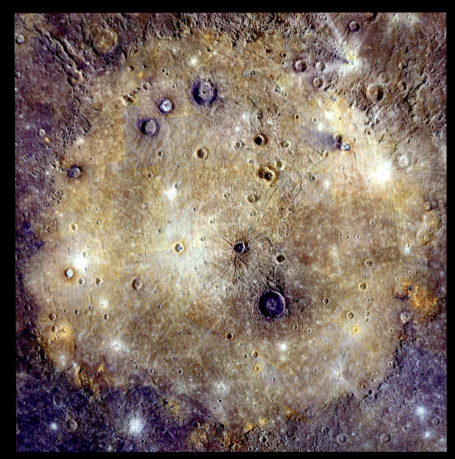

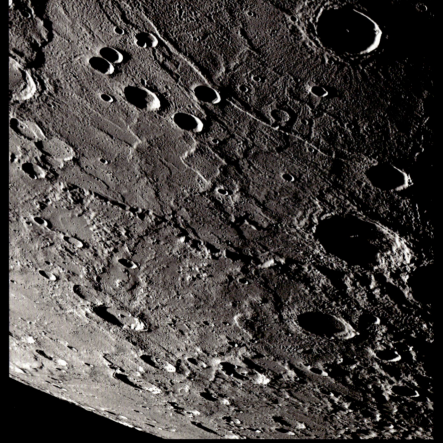

水星表面细节

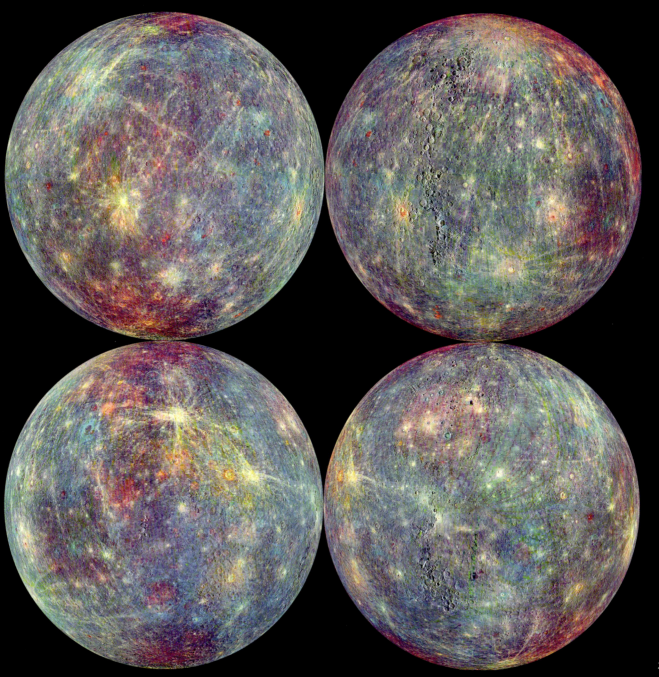

水星

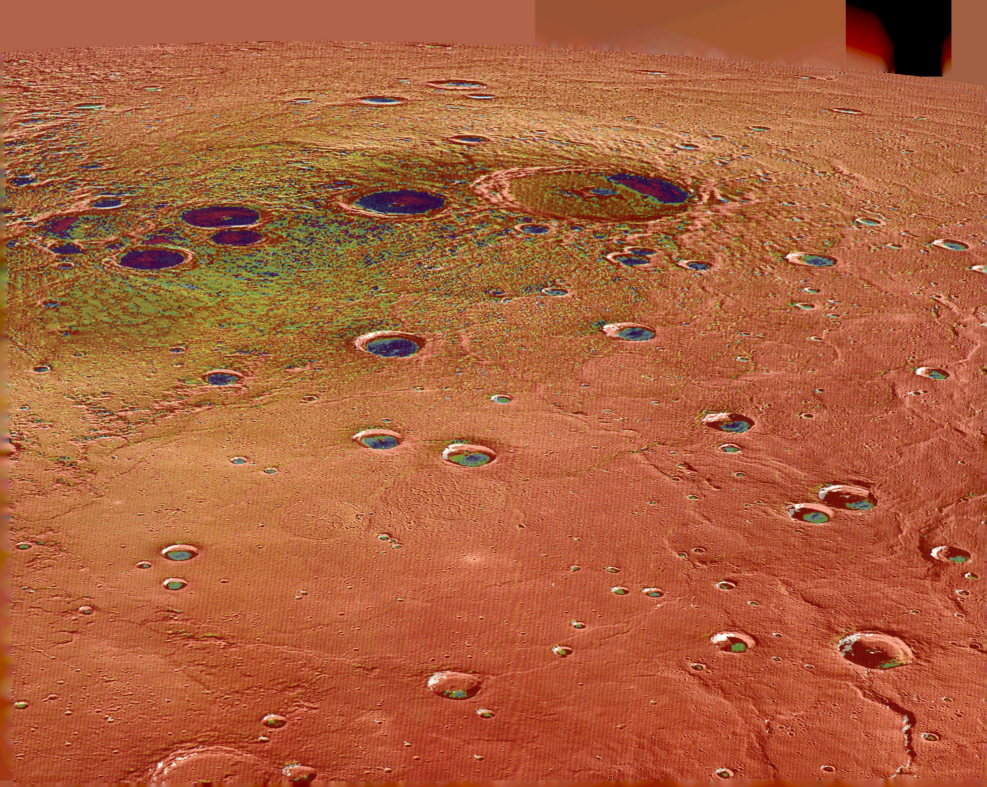

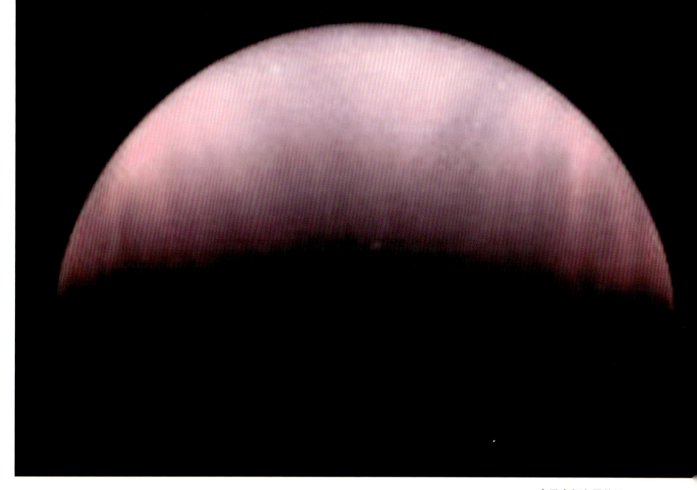

金星大气上层的云

金星的云

　　哈勃空间望远镜可以观测到金星大气上层的云。这张紫色的图像是 1995 年 1 月由哈勃空间望远镜拍摄的紫外线波段，当时金星距离地球约 7060 万英里（合 1 亿 1360 万千米）。请注意图中可见的像素块，这意味着这张图像的分辨率很低。这张图像摄于哈勃空间望远镜设备升级以前，因此出现了像素化，金星的轮廓线上出现了锯齿。

地球

哈勃空间望远镜的运行轨道距离地球表面仅340英里（合550千米），而且运行速度约7千米/秒。因此，如果用哈勃空间望远镜拍摄地球，所获得的图像将会出现运动模糊。这张低分辨率的图像（右图）显示了运动模糊的效果，即使使用跟踪系统也很难消除这种运动模糊，因为哈勃空间望远镜距离地球实在是太近了。哈勃空间望远镜的设计初衷是观测那些遥远的天体，而跟踪拍摄近距离天体的表面并不是它的目的。

目前有约400颗地球同步卫星，它们的轨道高度大约为距地面22 300英里（约合35 800千米），在这一高度更适合拍摄地球的图像。这些卫星被用作通信、成像、采集天气数据等等。这也使得哈勃空间望远镜可以将其注意力放在观测宇宙深处的天体上。

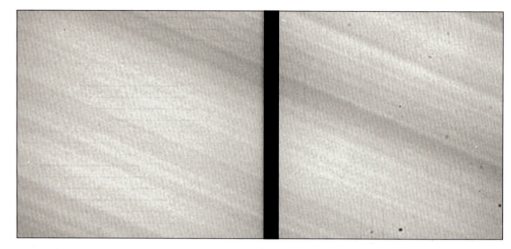

出现运动模糊的低分辨率图像

地球同步卫星

图片来源：Mark Clampin / NASA

图片来源：NASA

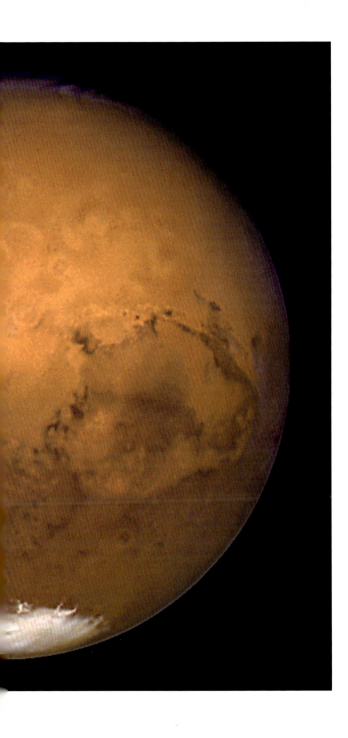

火星和极地冰盖

　　左图展示了一些火星上深色的圆形陨石坑，而且水冰也存在于火星的两极。在两极的冬天会形成一层薄薄的干冰。科学家们同样也在搜索火星上的水冰，因为如果我们人类想生活在火星上，水是必需品。但是对于星际运输来说，水太重了。在火星的探索过程中，不管通过成像技术发现了什么，无论是火星气候、天气，还是资源，都是对规划未来探测任务的重要一步。

从图中可以看到火星上深色的圆形陨石坑

图片来源：NASA, J. Bell (Cornell U.) and M. Wolff (SSI)

火卫一围绕火星运行的图像

图片来源：NASA, J. Bell (Cornell U.) and M. Wolff (SSI)

木星的卫星及其影子经过木星表面

图片来源：NASA, ESA, and the Hubble Heritage Team (STScI/AURA)

火星与火卫一

哈勃空间望远镜记录了火星的小卫星火卫一围绕火星的运行情况，火卫一的轨道周期为 7 小时 39 分。哈勃空间望远镜在 20 分钟内对火卫一进行了 13 次独立曝光，然后将拍摄到的图像叠加到一张图像中（左页图）。

火卫一是一个形状不规则的小卫星，最长的一侧约为 14 英里（约合 26 千米）。在火星左侧可以看到每次单独的曝光。火卫一是太阳系中唯一一颗轨道周期比其母行星的自转周期还短的卫星。一个火星日约为 24 小时 40 分钟，非常接近一个地球日。

木星的卫星与它们的影子

上面这两张图像显示了 2015 年 1 月 24 日木星的卫星及其影子经过木星表面的过程。在右边的图像中可以看到 3 颗卫星：木卫二（欧罗巴，Europa）位于左下方；木卫四（卡利斯托，Callisto）在靠上的位置（在木卫二的右方）；木卫一（伊俄，Io）位于最东边（图像的右上方），接近木星的边缘。

大红斑

　　哈勃空间望远镜记录了木星的大红斑。大红斑是木星上一个持续的高压区域，是木星上最大的风暴气旋，而且这场风暴或许已经刮了超过 350 年。

木星的大红斑

图片来源：NASA, ESA, and A. Simon (Goddard Space Flight Center)

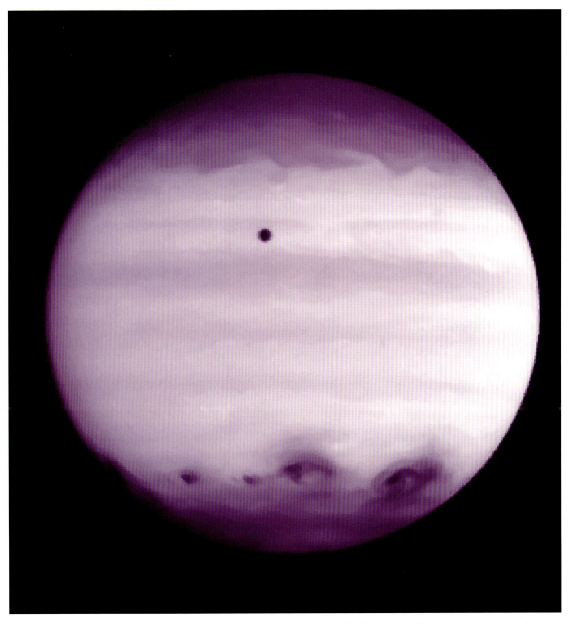

彗星碎片撞击激起的尘埃进入木星大气的平流层，挡住了太阳光，形成了右下方的黑斑

图片来源：Hubble Space Telescope Comet Team

彗星撞击的紫外线图像

这张木星的紫外线图像是由哈勃空间望远镜的大视场照相机拍摄的。图中显示的是舒梅克—列维 9 号彗星（Comet Shoemaker-Levy 9）的碎片撞击彗星后留下的众多创面。

这张图像摄于 1994 年 7 月 21 日，在一次撞击的数小时后拍摄。这次撞击形成了右下方第三个黑斑。这些地方之所以在紫外线波段呈现黑色，是因为彗星碎片撞击激起的尘埃进入到木星大气的平流层，挡住了太阳光。科学家们可以通过观察这些特征的变化来追踪木星平流层的气流。在赤道上方的黑点是木卫一伊俄，它远高于木星表面。

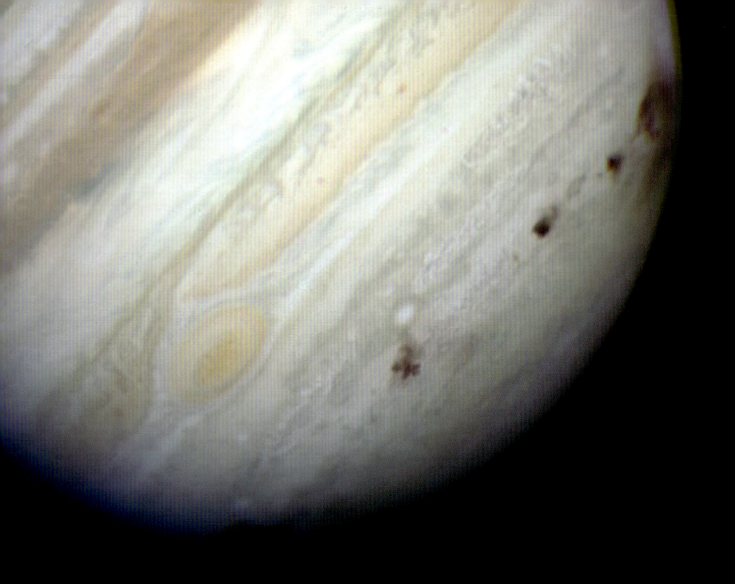

舒梅克—列维9号彗星与木星相撞

图片来源: Hubble Space Telescope Comet Team and NASA

彗星与木星的碰撞

在这张哈勃拍摄的图像（上图）中，可以看到舒梅克—列维 9 号彗星与木星相撞的景象。这张图像中的色彩是由 9530 埃、5500 埃和 4100 埃三种滤镜拍摄的图像复合而成。

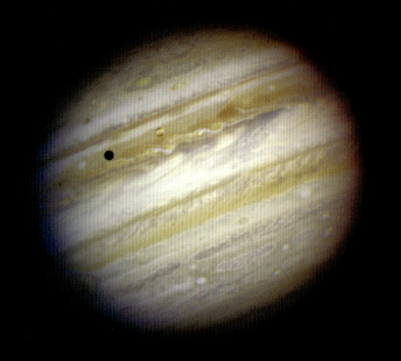

木星与舒梅克—列维 9 号彗星

这张复合图像是由木星和舒梅克—列维 9 号彗星单独的图像合成而来，制作于 1994 年。这颗彗星以天文学家尤金和卡罗琳·舒梅克夫妇（Eugene and Carolyn Shoemaker）及天文爱好者大卫·列维（David Levy）的名字命名。据观察，这颗彗星围绕木星旋转而非围绕太阳。木星强大的潮汐力使得彗星在撞向木星之前已被撕成多个碎片，随后在 1994 年，这些碎片撞向了木星。

这张关于逐渐接近的彗星图像摄于 1994 年 5 月 17 日，图中可以看到有 21 个彗星碎片（在图像的下半部分）。图中的木星摄于 1994 年 5 月 18 日。木星上的黑点是离木星最近的卫星木卫一的影子。为了说明起见，图中修改了拍摄时木星与彗星的相对大小和角间距大小。

舒梅克—列维9号彗星的碎片与木星

图片来源:NASA, ESA, STScI, and JPL

木卫二欧罗巴

　　这张图像（右图）是由哈勃空间望远镜上的空间望远镜成像摄谱仪多阳极微通道阵（STIS MAMA）使用对紫外线敏感的滤镜拍摄的。值得注意的点在欧罗巴冰冷表面之上的区域。有人认为有水从下方的海洋（图中七点钟方向）中喷薄而出。在这个冰冻世界之下的液态海洋中，可能存在着创造生命或者维持生命的条件。在这张将颜色映射到灰度图像的处理过程中，使用了蓝色映射的方法。此外，一张单独的木卫二黑白图像被叠加进来，这张黑白图像来自美国国家航空航天局的伽利略号和旅行者号探测器探索任务中收集到的数据。

木卫二欧罗巴

图片来源：NASA, ESA, W. Sparks（STScI），and the USGS Astrogeology Science Center

土星的季节性变化

　　这张叠加图像由哈勃空间望远镜的第二代大视场行星照相机（Wide Field Planetary Camera 2，WFPC2）拍摄，记录了四年中土星环绕太阳的图像。因为土星的自转轴倾角为 27°，与地球的自转轴倾角 23° 接近，所以土星也会经历四季变化。土星上的一年相当于地球上的 29 年，尽管它的一天只有 10 小时。在这一系列影像中，土星的北半球从它的秋季变换到了冬季。因为自转轴倾角的原因，土星朝向太阳的角度一直在变化，这也导致了土星上的不同季节更替。

四年中土星环绕太阳的图像

图片来源：NASA and The Hubble Heritage Team（STScI/AURA）Acknowledgment: R.G. French（Wellesley College），J. Cuzzi（NASA/Ames），L. Dones（SwRI），and J. Lissauer（NASA/Ames）

在序列右上方的最后一张图像中，土星的北半球正处于它的冬至点上，与此同时，土星的南半球位于它的夏至点。

天文学家们正在研究土星环在亮度和颜色上的细节和变化，以找出关于它们的更多信息。土星环是如何形成的？它们是如何随着时间、季节变化的？土星环是由尘埃和水冰组成的，这些灰尘和水冰有时候会在围绕土星运动时发生碰撞。季节会对这一现象产生影响吗？土星的引力使这些碎片铺开，所以它们无法形成卫星或者更大的碎片。

有机物与水冰混合在一起，使土星环展现出淡淡的微红色。当来自太阳的紫外线辐射与甲烷气体相互作用时，会在土星大气上层产生可见的云以及云带的颜色变化。在某些地方，气体温度会更高，密度也更大一些。土星是一颗气态巨星，没有固态表面。

土星北半球正处于它的冬至点

土星及土星环

图片来源:NASA and The Hubble Heritage Team STScI/AURA

土星环

正如前文提到的，使用不同设备拍到的图像常常会被一起使用或者合并到一张图像中。这张关于土星的图像（上图）由哈勃空间望远镜上搭载的第二代大视场行星照相机拍摄。下方关于土星环的详细影像则是由卡西尼号探测器的小角度摄像机拍摄的。

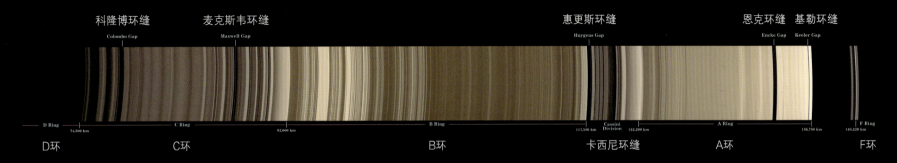

土星环的详细影像

图片来源:NASA/JPL/Space Science Institute

天王星

　　这张由哈勃空间望远镜拍摄的图像显示了天王星有四个主要的环，还显示了天王星已知的 17 颗卫星中的 10 颗。哈勃空间望远镜还记录下了天王星上明亮的云。天王星的自转轴非常倾斜，而且天王星绕太阳公转时看起来像是躺在轨道上。天王星和地球相距最近时的距离为 16 亿英里（合 26 亿千米）。

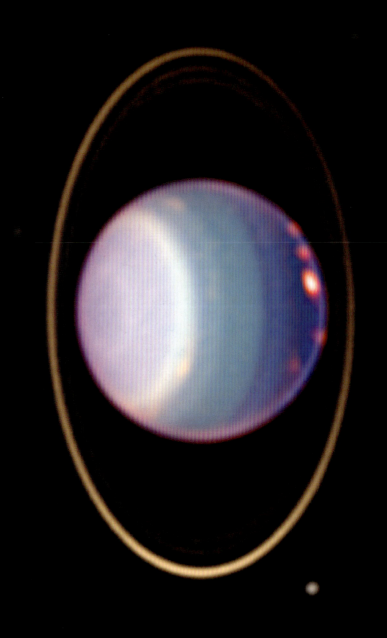

天王星，可以看到四个主要的环

图片来源：NASA/JPL/STScI

天王星上的亮云

　　这三张天王星的图像由哈勃空间望远镜拍摄，显示了一组位于天王星南半球上空明亮云彩的运动以及在天王星南极高海拔上空形成的阴霾。

　　超过 10 亿英里（约合 16.1 亿千米）的巨大距离再加上大幅度的放大，导致这些天王星的图像呈现像素化。尽管如此，这些图像仍能提供很多有用的信息。

天王星上的极光

　　这张图像由旅行者 2 号拍摄的图像以及哈勃空间望远镜的两次观测数据复合而成。这两次观测中，其中一次拍摄了天王星的环，另一次拍摄了天王星的极光。这张图像记录了太阳风爆发带来的两次激波，这两次激波在天王星上产生了极光。有证据表明，这些极光随着天王星一起转动。通过这些观测结果，科学家对天王星的磁极位置进行了重新估算。

天王星南半球的上空

图片来源：NASA/JPL/STScI

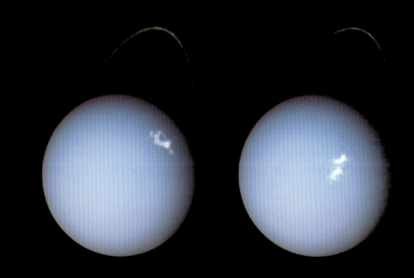

天王星上的极光

图片来源：ESA/Hubble and NASA,L. Lamy/Observatoire de Paris

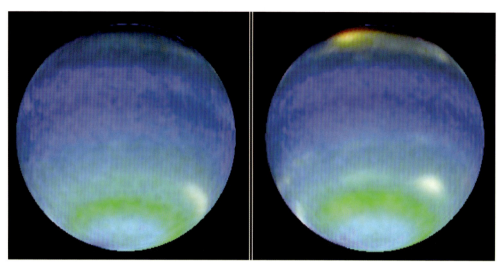

海王星，可以看到白色、红色、黄色的云层

图片来源：NASA/JPL/STScI

海王星的气候

海王星距离地球27亿英里（合43亿千米）。哈勃空间望远镜的第二代大视场行星照相机拍摄了这两张海王星的复合图像（上图），记录下了海王星自转过程中的16.11小时，拍摄时间为1996年8月13日。威斯康星大学麦迪逊分校空间科学与工程中心的劳伦斯·斯罗莫夫斯基（Lawrence Sromovsky）带领团队进行了这些观测，观测中结合了多种波长，这些观测数据可以揭示海王星的气候特征。海王星看起来主要是蓝色的，这是因为红色和红外线光被海王星大气层中的甲烷吸收。云层高于大部分甲烷，所以这些云呈现白色，那些非常高的云会呈现黄色和红色，这些云在图中海王星的靠上部分。据估计，海王星赤道上的风速几乎高达900英里/小时（约1450千米/时），在图中显示为深蓝色的条带。靠近星球下方的环是一块吸收了蓝光的区域，因此它呈现绿色。

海王星具有非常剧烈的气候模式。当旅行者2号距离海王星440万英里（约合710万千米）时，拍下了这张图像（右页图）。为什么这张图像中的天王星比哈勃空间望远镜拍摄的更大呢？原因之一是旅行者2号比哈勃空间望远镜更接近天王星——近了超过20亿英里（约合32亿千米）。未来，我们将结合哈勃空间望远镜、旅行者2号以及未来探测任务中获取的图像和数据，一起揭开海王星的秘密。

旅行者2号拍摄的海王星

图片来源：NASA/JPL

海王星上的风暴

2016 年 5 月拍摄的这张图像（右图）确认了海王星大气层中一个风暴的存在。2015 年 9 月，"外行星大气遗产计划"（Outer Planet Atmospheres Legacy，OPAL）首次发现了这个风暴。这次发现确认了长期存在的风暴的类型。再放大看（下图），这个风暴的跨度范围超过了 3000 英里（约 4800 千米）。

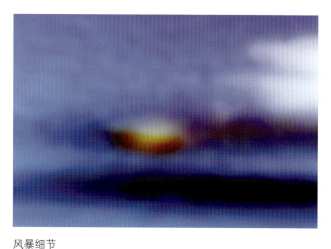

风暴细节

图片来源：NASA, ESA, and M.H. Wong and J. Tollefson (UC Berkeley)

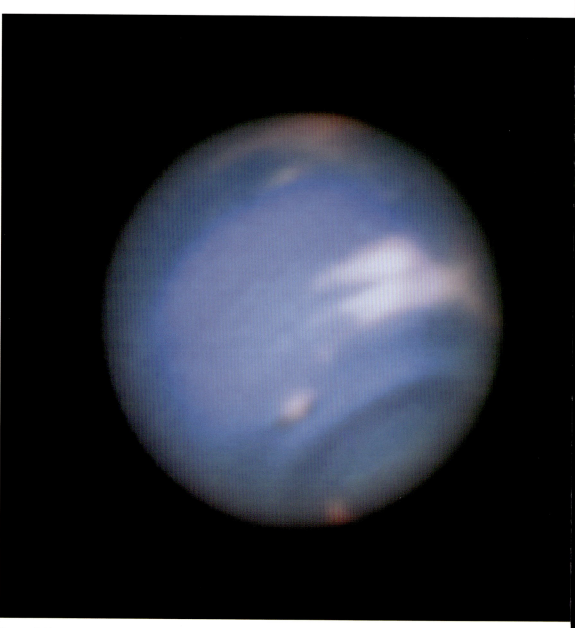

海王星上的风暴

冥王星与它的卫星

2005年，哈勃空间望远镜发现了一对围绕冥王星运行的小卫星，它们是冥卫二（尼克斯，Nix）和冥卫三（许德拉，Hydra）。在这张图像（左图）中，每颗卫星都比冥王星最大的卫星冥卫一（卡戎）要更远和更小一些。有人认为冥王星和冥卫一是一对双行星，因为将它们联合起来看像是行星，但是彼此又围绕对方旋转。看着它们相似的大小和在图像里相互靠近，这种说法也是可以理解的。

和太阳系的其他行星相比，冥王星离地球非常遥远，而且非常小。所以当我们使用哈勃空间望远镜观测冥王星时，所拍摄到的图像中冥王星也同样是非常小的，和其他恒星或者星系相比要少很多细节。这是因为这些恒星或者星系具有冥王星不具有的两个特

围绕冥王星运行的卫星

图片来源:NASA/Johns Hopkins University Applied Physics Laboratory/Southwest Research Institute/Lunar and Planetary Institute

点：第一，冥王星并不像恒星或者超新星那样会发光，它只反射太阳光，因此冥王星的亮度要小得多。图中冥卫二和冥卫三的小点表明它们要比冥王星暗淡得多——要暗大约5000倍。第二，和星系相比，冥王星要小很多，星系的宽度可以达到很多光年——这可比冥王星大了万亿倍。

下面这张冥王星的特写图像由新视野号探测器拍摄，展现了令人叹为观止的细节。冥王星是如此之远，以至于新视野号花费了9年时间才到达这颗矮行星。

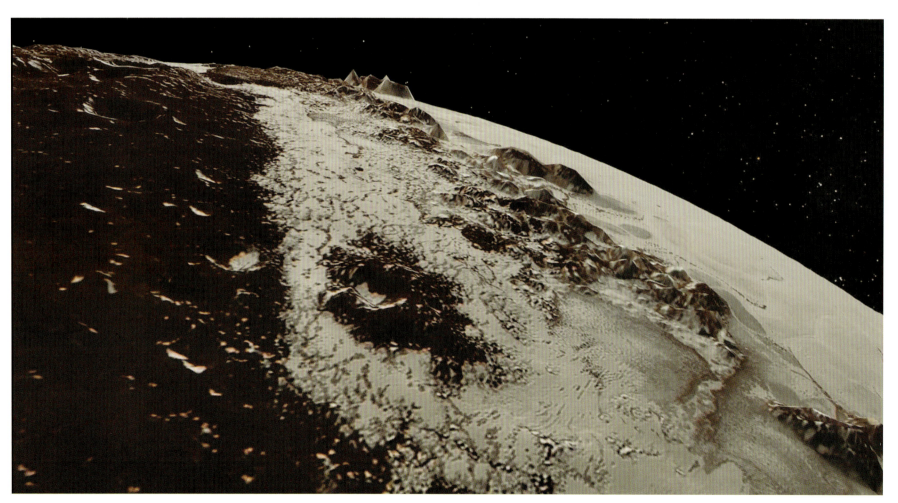

冥王星的特写照片

图片来源：NASA, ESA, H. Weaver（JHUAPL），A. Stern（SwRI），and the HST Pluto Companion Search Team

翻滚的冥卫

　　哈勃空间望远镜发现了围绕冥王星和冥卫一的4颗小卫星，还发现冥卫二和冥卫三一直处于混乱的翻滚状态，这是由于冥王星和冥卫一在相互旋转时重力场的牵引作用导致的（见55页图）。

太阳系中的彗星

　　我们的太阳系是彗星的家，彗星椭圆的偏心轨道将它们从太阳系的外层带到非常靠近太阳的地方。当靠近太阳的时候，彗星变得更加明显，并且伴随着向太阳方向相反延伸的彗尾。

　　332P/池谷—村上彗星（右上图）是一颗碎裂的彗星。这一系列的图像（右下图）显示的是252P/林尼尔彗星经过地球时的影像。有人质疑P/2010 A2（252P/林尼尔彗星的原名。——译者注）是否是一颗彗星。相互分离的彗尾（下页图）表明252P/林尼尔彗星曾经与其他物体高速相撞。

332P/池谷—村上彗星

图片来源：NASA, ESA,and the Hubble Heritage Team（STScI/AURA）

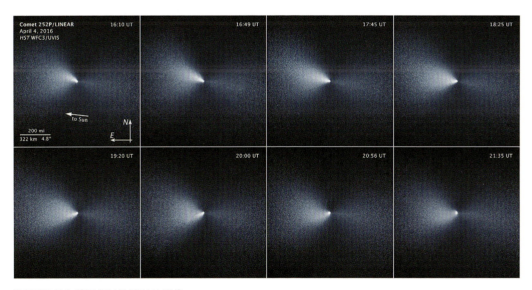

252P/林尼尔彗星经过地球时的影像

图片来源：NASA, ESA,and J.-Y. Li（Planetary Science Institute）

252P/林尼尔彗星的彗尾

图片来源:NASA, ESA, D. Jewitt (UCLA)

正在接近太阳的艾森彗星

图片来源：NASA, ESA,and The Hubble Heritage Team（STScl/AURA）

掠日彗星

　　掠日彗星会非常接近太阳。接近太阳过程中的排气现象会让这些彗星更加明显。左图显示的是正在接近太阳的艾森彗星（Comet ISON）。这张图像是由多次曝光合成的复合图像：其中一次曝光是拍摄背景恒星和星系的红光和黄–绿光图像；另外一次是针对彗星的黑白曝光。这样做既可以保证背景恒星和星系能够得到足够长的曝光时间，也可以使彗星得到聚焦。同时，较短的快门可以减少运动模糊。

Chapter 3
Stars, Supernovas & Planetary Nebula
恒星、超新星和行星状星云

恒星是一团球状的发光等离子体。恒星被它们自身的引力束缚在一起。我们能看到恒星是因为它们内部的热核聚变反应。恒星生命周期的每一个阶段，都会产生不同特征的电磁辐射。

超新星以及行星状星云是特定大小的恒星衰老后产生的。当恒星到达生命终点的时候，所发出的惊人的可见光使得其从极其遥远的地方都可以被观测到。正因为它们如此明亮，才成为哈勃空间望远镜的主要观测目标。

N6946 - BH1 变成了一个黑洞

N6946–BH1，一颗质量为太阳 25 倍的恒星，在 2009 年突然变亮，然后消失了。科学家们用大型双筒望远镜（Large Binocular Telescope，LBT）、哈勃空间望远镜以及斯皮策空间望远镜进行观测后得出的结论是，这颗恒星肯定变成了一个黑洞。通常情况下，当一颗超巨型恒星变成超新星时，它会很容易看到的。N6946–BH1 看起来是向内爆炸了，艺术家根据哈勃这一研究成果绘制了右边的想象图。

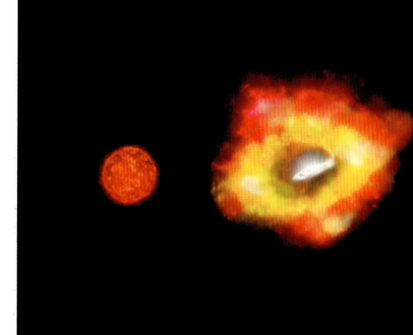

艺术家想象图：成为黑洞的N6946 - BH1

图片来源：NASA/ESA/P. Jeffries (STScI)

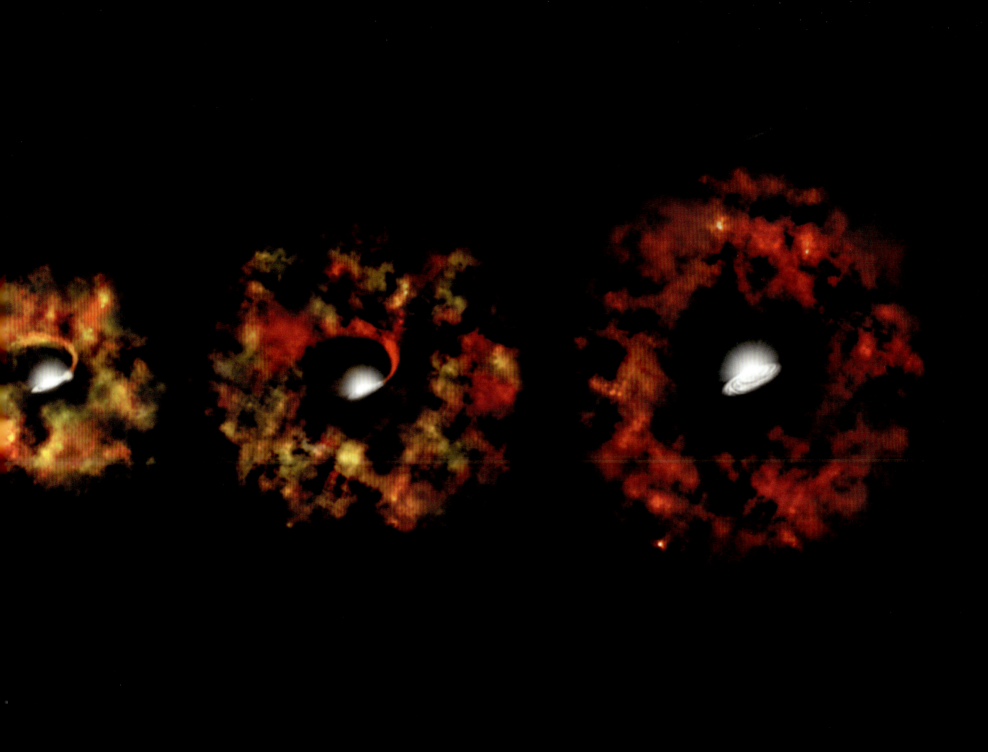

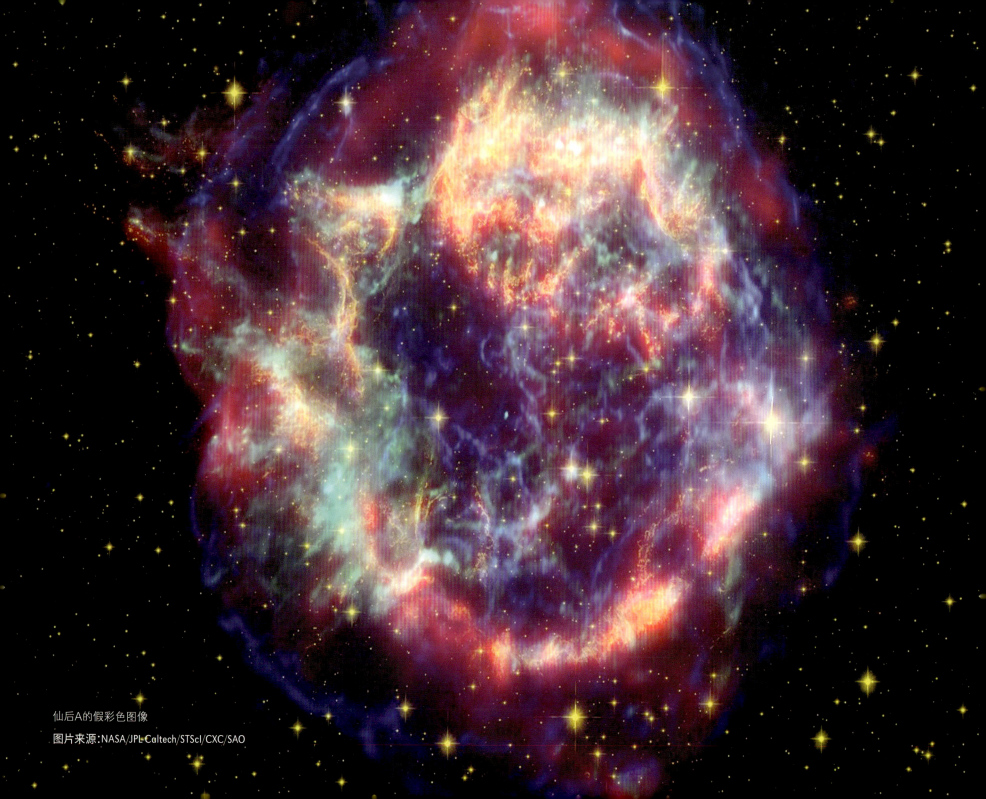

仙后A的假彩色图像

图片来源：NASA/JPL-Caltech/STScI/CXC/SAO

PIAO3519：仙后 A

PIAO3519，也被称为仙后 A，是一个超新星残骸，位于仙后座，距离我们大约 1 万光年。大约 320 年前，这颗超新星在夜空中肉眼可见。现在，唯一剩下的是一颗勉强可被探测到的中子星。这是一张结合了哈勃以及 NASA 的另外两台空间望远镜的观测数据合成的假彩色图像（左页图）。斯皮策空间望远镜的红外线数据是红色的，哈勃空间望远镜的可见光数据是黄色的，而钱德拉 X 射线天文台的数据是绿色和蓝色的。

恒星形成的迹象

一片发着光的星云通常是新的恒星正在诞生的标志。这张超新星残骸的图像（右图）来自哈勃的第二代大视场行星照相机，是大麦哲伦星系中一颗爆炸的超新星的遗迹。超新星爆炸的残骸通常会成为恒星的摇篮。

大麦哲伦星系中一颗爆炸的超新星的遗迹

图片来源：NASA/JPL/Hubble Heritage Team (STScI/AURA)

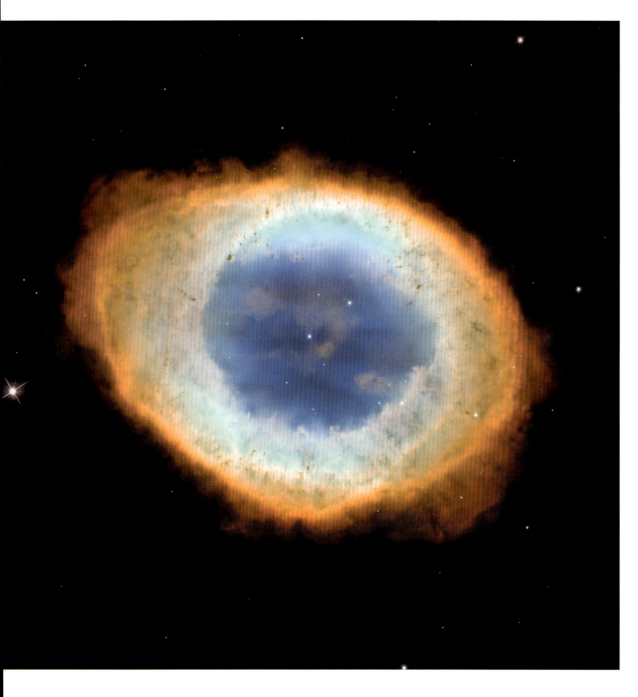

环状星云（M57）

　　这张拍摄于 1998 年的图像，是哈勃用第二代大视场行星照相机拍摄的，视线直接穿过一颗濒死恒星的中心。星云的边缘有长条的团块状物质聚集。图像是用三张黑白图像合成的，每一张图像被重新赋予了不同的颜色：蓝色的中心，是由炽热的氦组成的，围绕着中心濒临死亡的恒星；绿色显示为离子化的氧；而红色部分为离子化的氮气，来自于冷却的气体。这些气体都被来自于明亮的濒死恒星的紫外辐射所激发照亮。

一颗濒死恒星——M57

图片来源：NASA/JPL- Caltech/ESA,and the Hubble Heritage Team (STScI/AURA)

恒星和博克球状体

　　这张 IC2944 的图像由哈勃的第二代大视场行星照相机摄于 1999 年，是半人马座一片恒星形成区域里的博克球状体（暗星云）及明亮的恒星。这些球状体是由天文学家 A.D. 萨克莱（A. D. Thackeray）发现的，通常和氢发射及恒星形成区有关联。其中的两片暗星云看起来有重叠。这些球状体看起来是新的恒星形成过程的一部分。IC2944 离我们相对较近，大约 5900 光年。

博克球状体及明亮的恒星

图片来源：NASA and The Hubble Heritage Team, NASA, andThe Hubble Heritage Team (STScI/AURA) Acknowledgment: Bo Reipurth (University of Hawaii) (STScI/AURA)

原行星状星云

恒星生命周期的原行星状星云阶段的典型标志，就是外层的物质被驱散出去形成星云，并被内部恒星的紫外光所照亮。原行星状星云很罕见，因为它们仅仅是恒星在形成行星状星云之前很短暂的一个阶段。这些难得一见的图像有助于我们研究恒星演化的这一阶段。

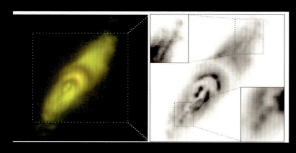

图片来源：NASA/JPL

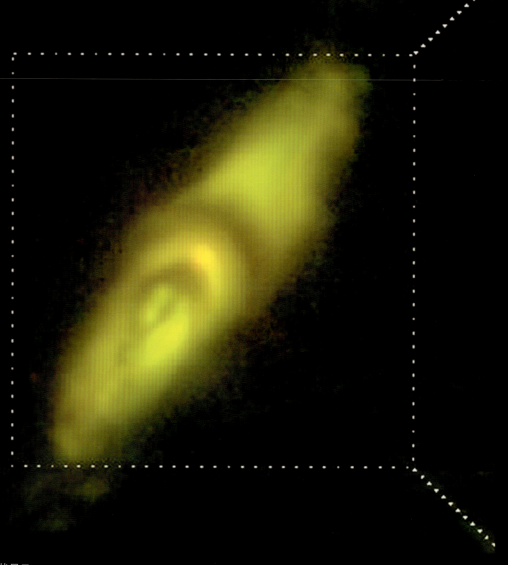

罕见的原行星状星云

最炽热的白矮星之一

行星状星云 NGC2440 中包含的白矮星，是已知最炽热的白矮星之一，表面温度达到几乎 20 万摄氏度。非圆形的外形说明它周期性地向不同的方向抛射出大量的物质。

在这张图中，蓝色标志着高浓度的氦，蓝绿色为氧，红色显示的是氮和氢。

像蝴蝶一样的行星状星云NGC2440

图片来源：NASA/JPL/STScl/AURA

猫眼星云

图片来源:NASA/ESA/STScI

猫眼星云：美丽的尘埃外壳

这是一张 NGC6543 的细节图像（左页图），它也被非正式地称为"猫眼星云"。这是一片形态复杂的星云，也是最早被发现的行星状星云之一。它有同心的气体壳层，高速气体的喷流，以及冲击波导致的气体团块。基于这些观察，科学家认为中心恒星在一系列规律性的间隔中喷射出大量的物质，从而形成了这些同心的尘埃壳层。

螺旋星云：PIAO3678

一个类似地球大小的白矮星居于这个行星状星云的中心，它放射出的巨量紫外辐射将其抛出的气体加热。由来自哈勃空间望远镜的数据（可见光数据）和斯皮策空间望远镜的数据（红外线数据）合成了这张假彩色图像（右图）。图像中心的蓝色区域最热，黄色次之，红色是温热的。人们确信，出于某种机理，紫外线在红色区域受到了遮挡，从而使这些区域可以保持冷却。

螺旋星云

图片来源：NASA/JPL-Caltech/ESA

船底座海山二星：双星

　　这张图像由哈勃空间望远镜上的空间望远镜成像摄谱仪（STIS）所摄，图中显示了一对巨型恒星——双星，其中一颗比另一颗更为巨大。图中可以看到来自它们爆发产生的离子喷流。这些爆发在过去的200年中被持续地观测到，有时甚至肉眼可见。双星在1858年后亮度逐渐减弱到不可见，在20世纪90年代再次出现，并且它的亮度在1998年和1999年再次翻倍。

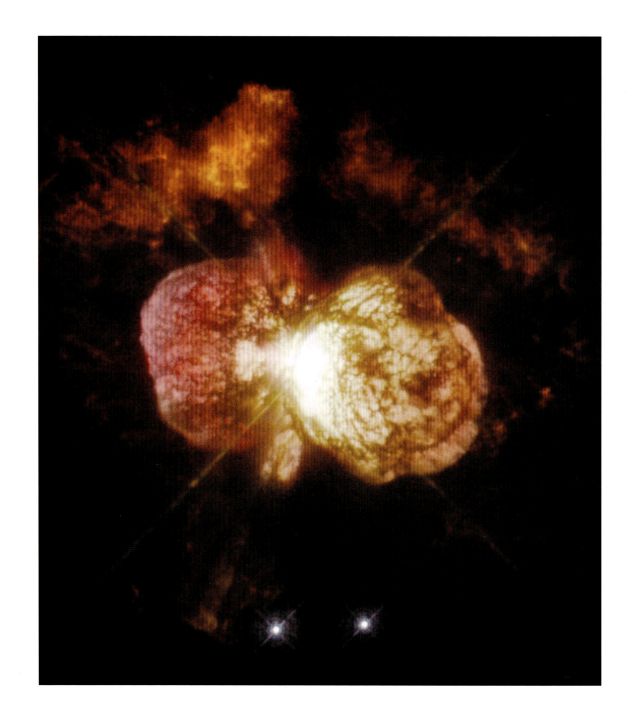

双星，可以看到它们爆发产生的离子喷流

图片来源：NASA, ESA and the Hubble SM4 ERO Team

恒星之死：葫芦星云

　　葫芦星云也被称为臭鸡蛋星云，因为它含有大量的硫，而硫化氢（原文仅仅提到硫，但是考虑到氢在宇宙中的普遍存在，显然那里也存在硫化氢。臭鸡蛋的臭味来自于硫化氢，而不是硫，尽管硫也有不同的刺激性味道。——译者注）闻起来就像是臭鸡蛋。这片星云是一颗红巨星在临近死亡时向行星状星云转变的结果。恒星正在向周围的太空喷射出它的外层气体和尘埃。它正处于一个被称为原行星状星云的短暂阶段，最后会变成一片真正的行星状星云。

葫芦星云

图片来源：ESA/Hubble & NASA, Acknowledgement: Judy Schmidt

蟹状星云脉冲星和超新星遗迹

位于星云中间的中子星（右图中间两颗最亮的星星中位于右边的那颗）就是蟹状星云脉冲星，和我们的太阳具有相同的质量。但是它的直径仅仅几英里，比起我们的太阳渺小如芥子微尘。蟹状星云脉冲星最早于1054年由中国人观察并记录下来。现在，通过业余天文望远镜都可以观察到它。脉冲星发射出脉冲式的电磁辐射和带电粒子，其中一些带电粒子形成细丝状的结构。它每秒钟自转30次，拥有一个极其强大的磁场，是当初SN1054超新星的遗迹。之所以被称为脉冲星，是因为从地球的角度观察，当它自转时，它的电磁辐射扫过地球看起来就像是高频脉冲。天文学家可以利用这样的脉冲星来研究引力波。

蟹状星云脉冲星
图片来源：NASA and ESA

Chapter 4
Black Holes and Quasars

黑洞和类星体

NGC1068星系

图片来源：NASA/JPL-Caltech/Roma Tre Univ.

类星体通常是辐射出巨量能量的大"星星"。有证据表明，每个类星体都包含着一个超大型黑洞，它们是大型星系产生过程中的一个阶段。

难得一见

这张 NGC1068 星系的图像是由哈勃空间望远镜的可见光以及核分光望远镜阵（Nuclear Spectroscopic Telescope Array，NuSTAR）的 X 射线（紫红色）合成的（左页图）。X 射线来自于星系中央的一个活动超大型黑洞。NGC1068 和我们的银河系比较接近——只有大约 4700 万光年的距离。

给黑洞添加燃料

普遍认为，来自 M106 星系的气体正在落入星系中心的超大型黑洞，为类星体的巨量辐射源源不断地增添燃料。

M106星系

图片来源：NASA, ESA, the Hubble Heritage Team (STScI/AURA) , and R. Gendler (for the Hubble Heritage Team)

非常接近的两个星系

图片来源:NASA/JPL- Caltech/GSFC

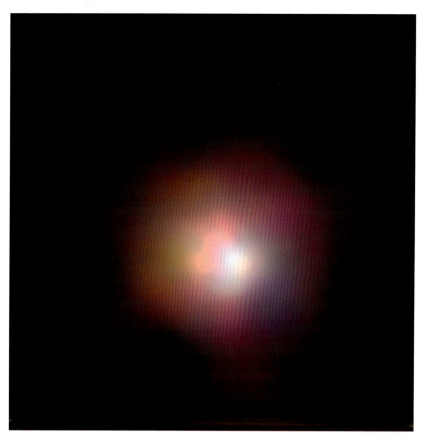

星系中的黑洞在活跃地富集物质

超大型黑洞的可见光图像

超大型黑洞

左页图显示了两个星系处在非常接近的相对位置，它是由上面两张图像合成的。每一个星系的中心都有一个超大型黑洞。来自于NuSTAR 的图像（上图左）显示出右边星系中的黑洞在活跃地富集物质，颜色从红色、绿色到蓝色显示出依次增加的千电子伏特能量。上方右图为可见光图像。

被遮挡的活跃星系核

IC3639 是一个有着活跃星系核的星系。这张图像合成了来自于哈勃空间望远镜和欧洲南方天文台（European Southern Observatory，ESO）的数据。隐藏在气体和尘埃后面的正是它的超大型黑洞。星系中的活跃星系核被 NuSTAR、钱德拉 X 射线天文台以及日本领导的朱雀卫星所证实。星系中心的超大型黑洞所形成的活跃星系核的光亮被尘埃遮挡了。这个星系离地球大约 1.7 亿光年之遥。

科学家计算了到底有多少尘埃遮挡了这个星系的中心。他们利用 NuSTAR、空间 X 射线望远镜测量了高能量的 X 射线，表明实际亮度要比我们看到的明亮得多。

隐藏在气体和尘埃后面的超大型黑洞

图片来源:NASA/JPL- Caltech/ESO/STScI

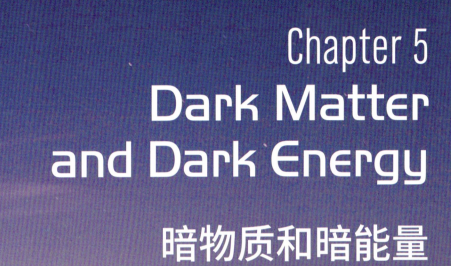

Chapter 5
Dark Matter and Dark Energy

暗物质和暗能量

太空中的很多东西对我们是不可见的，要么因为它们遥远的距离，要么因为它们发出辐射的波长。暗物质和暗能量逃脱了我们的视觉以及仪器的探测。我们关于它们的知识来源于对可观察物质和星系群中其他天体互动的计算。当然，我们可以把哈勃空间望远镜等仪器记录的非可见光数据和可见光数据以假彩色合成图像，从而可以用肉眼"看到"那些不可见的波段。

星系群中的暗物质

这些图像显示了星系群以及其中的暗物质。科学家们认为宇宙是由 68% 的暗能量、27% 的暗物质和大约 5% 的普通物质所构成。暗物质和普通物质被引力束缚在一起。这类关于引力的计算是我们推导出暗物质存在的主要原因。它既不发射也不吸收光。好几个理论，比如冷暗物质、绒状暗物质（Fuzzy Dark Matter，尚无规范译名。——译者注）等，都试图来帮助解释这一隐藏的物质。我们知道暗物质的存在，并且知道必须将它们考虑在内引力计算才能正确，但是暗物质的本质仍然是个谜。

星系群及其中的暗物质

图片来源：NASA, ESA,D. Harvey（École Polytechnique Fédérale de Lausanne, Switzerland），R. Massey（Durham University, UK），the Hubble SM4 ERO Team, ST- ECF, ESO, D. Coe（STScI），J. Merten（Heidelberg/Bologna），HST Frontier Fields, Harald Ebeling（University of Hawaii at Manoa），Jean-Paul Kneib（LAM），and Johan Richard（Caltech, USA）

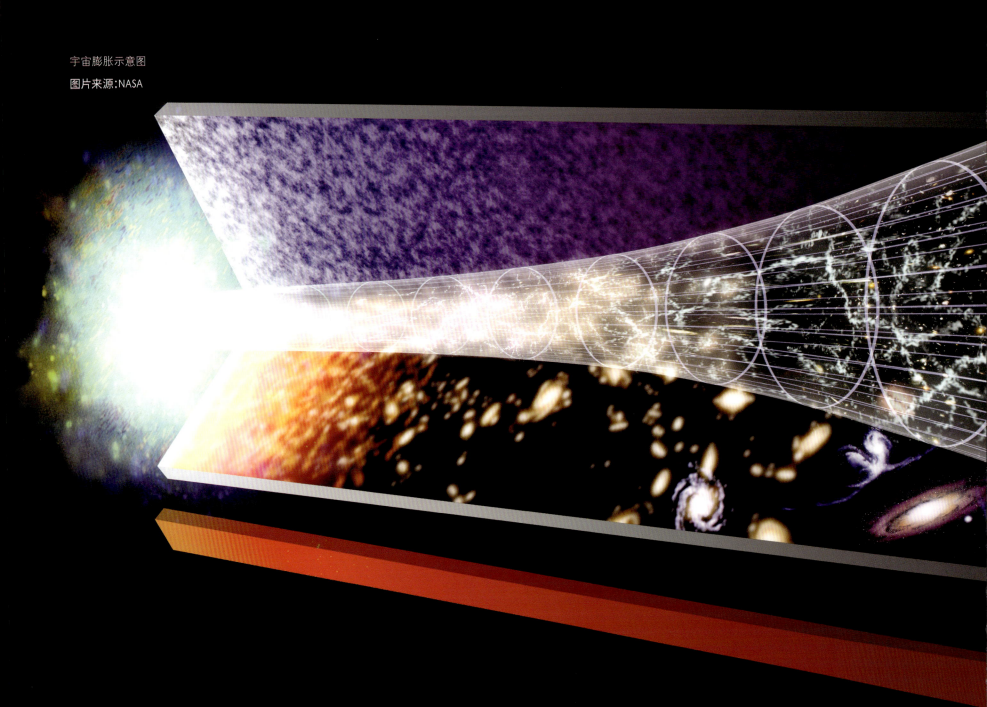

宇宙膨胀示意图

图片来源：NASA

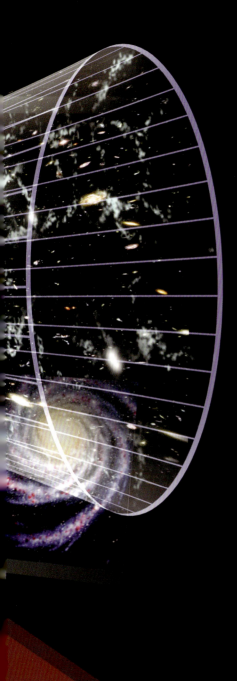

神秘的暗能量

科学家们认为，神秘的暗能量正是一种能够解释为什么宇宙在加速膨胀的能量形式。天文学家埃德温·哈勃在 1929 年发现了宇宙在膨胀。根据从 20 世纪 90 年代起来自哈勃空间望远镜的观测数据，科学家们发现宇宙膨胀的速度在加快。

根据现行的宇宙学模型，暗能量构成了宇宙能量的大部分。暗物质的质量和能量构成了宇宙第二大的组成成分，而普通物质包括小部分其他成分如中微子和光子等，仅仅占剩下的 6%。尽管暗能量的密度非常低，但它的力量却支配了整个宇宙，因为它在空间中广泛地分布着。

暗物质和普通物质都受到引力的影响。暗能量则正好相反，它似乎是一种排斥力。一部分天文学家甚至认为这种斥力正在增大。

一个由诺贝尔奖获得者亚当·里斯（Adam Riess）领导的团队试图测量宇宙膨胀的速率，即人们所熟知的哈勃常数。这个团队正在更加精细地进行这一测量，并试图揭开暗能量的更多秘密。

利用引力透镜观测遥远和早期的超新星

图片来源：NASA

测量暗能量

在大约 137 亿年前，宇宙诞生于一团致密、炽热的辐射。它快速地膨胀，最终形成了今天的恒星和星系。根据科学家们的计算，宇宙膨胀的速率在某个时刻慢了下来，但是之后又开始了加速。当越来越多的秘密被揭开后，大爆炸理论也被一次次地修改。

利用引力透镜（左页图）看向宇宙的极早期，科学家们可以观测到遥远和早期的超新星。超新星爆发的光花了这么长的时间旅行才到达我们的眼睛，以至于我们实际上看到的是它们几十亿年前的样子。

下图中，上半部分展示了五颗超新星的图像，下半部分则展示了它们的宿主星系在超新星爆发前或者爆发后的图像。超新星可以被用来测量宇宙膨胀的速率以及暗能量如何影响这一速率。

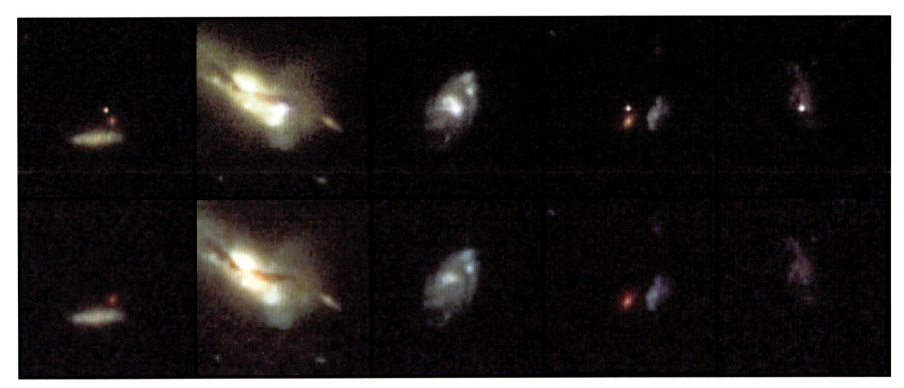

超新星爆发前后的图像

图片来源：NASA, ESA, and A. Riess (STScI)

Chapter 6
Our Galaxy
The Milky Way

我们的星系：银河系

我们的太阳系位于银河系中。埃德温·哈勃发现了在银河系之外还有其他的星系。银河系是一个棒旋星系，它的直径在大约 10 万光年到 18 万光年之间。据估计，银河系有大约 1000 亿到 4000 亿颗恒星以及大约 1000 亿颗行星。银河系的中心很可能是一个超大质量黑洞，其中有一个强烈的无线电发射源，即人马座 A*。

拱门星团

拱门星团（右图）是银河系中已知最致密的星团。它是一个相当年轻的天体（年龄大约在 200 万年到 400 万年间），位于银河系的中心。

拱门星团是银河系中已知最致密的星团

图片来源：ESA/Hubble and NASA
Acknowledgement: Judy Schmidt (Geckzilla)

行星状星云赫尼兹2 - 437

图片来源:NASA/ESA

赫尼兹 2-437

赫尼兹 2-437（Hen 2-437，上图）是一片行星状星云。银河系中有几千个行星状星云。Hen 2-437 是一个双极形状的星云；衰老的恒星向相反的方向抛射出物质，形成了两个瓣状突起。

年轻的超级星团维斯特卢1

图片来源:ESA/Hubble and NASA

超级星团 "维斯特卢 1"

这是维斯特卢 1（左图），它是一个年轻的超级星团。这个银河系中的邻居离我们大约 15 000 光年。它包含了迄今为止发现的最大的一颗恒星——维斯特卢 1-26，类别为红超巨星。这个星团中的大部分为年龄约 300 万年的年轻恒星，而我们的太阳已经是 46 亿年的高龄了。

超新星 SN1006 的纤维状遗迹

这是一条纤薄带状的超新星遗迹（右页图）。一颗被命名为 SN1006 的超新星于一千多年前在银河系中爆炸。1006 年，人们目睹了这颗明亮的超新星，在随后至少两年的时间里，它一直肉眼可见。当它最亮的时候，人们甚至能在白天看见它。

超新星爆发发生在图像的右下角之外（超出了图像的范围）。爆发的运动朝着左上方的方向。目前它还在以惊人的速度膨胀——大约每小时 600 万英里（约合 1000 万千米）。当然由于距离非常遥远，这种运动对我们而言几乎很难觉察。

一条纤薄带状的超新星遗迹SN1006

图片来源:NASA, ESA, and the Hubble Heritage Team (STScI/AURA)
Acknowledgment: W. Blair Johns Hopkins University

人马座 A: 银河系中的黑洞

人马座 A 是银河系中心的黑洞。看着这张图像（左页图），你就很容易理解为什么我们的星系被称为银河系——恒星和尘埃非常密集，看起来就像白色的乳汁（银河系的英文为 Milky Way Galaxy。——译者注）。然而，银河系中心的超大质量黑洞是隐藏的，它就在图像的正中央。人马座 A 具有巨大的引力。我们知道它在那儿，是因为科学家们观测到了大量的恒星在围绕着它公转。

加布里埃尔·布拉默（Gabriel Brammer）是欧洲南方天文台的一位科学家和图像大使，他利用哈勃空间望远镜于 2011 年拍摄的红外线数据制作并发布了这张图像。

大量恒星围绕着人马座A

图片来源:NASA, ESA, and G. Brammer

人马座A*的细节照片

图片来源:NASA, ESA, and G. Brammer

特写照

这张图像是不可见的（人马座 A* 属于人马座 A 的一部分，本身是不可见的，不能被直接观测）人马座 A* 的细节特写（上图）。

图片来源：NASA, ESA,and G. Brammer

银河系的恒星

　　这两张图像是哈勃空间望远镜拍摄的，显示的是我们视野中银河系不可胜数的恒星。

同时使用三台望远镜看到的银河系

这张图像（左页图）是把红外线、X 射线以及可见光观测数据合成而得到的，展示了尘埃云后面的活动。每一张图像显示了银河系中心地带在不同波长下的细节。斯皮策的红外线记录了恒星。哈勃空间望远镜发现了这一区域的很多大型恒星。钱德拉记录的 X 射线显示为粉红色（低能 X 射线）和蓝色（高能射线）。右下方的明亮区域是一个超大质量黑洞。散射的 X 射线来自于被超大质量黑洞喷射的喷流、巨星的星风以及超新星爆发等机理共同加热到几百万摄氏度的气体。这一高度活跃的区域正是我们银河系的最中心。

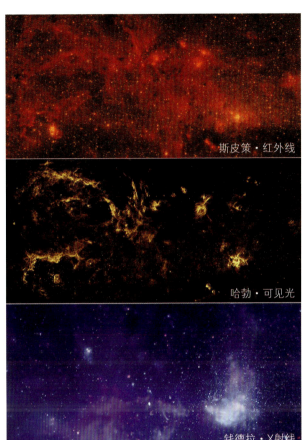

斯皮策·红外线

哈勃·可见光

钱德拉·X射线

红外线、X射线以及可见光观测数据合成的银河系图像

图片来源：NASA/JPL-Caltech/ESA/CXC/STScl

银河系恒星：诞生和死亡

　　这组闪亮的星团包含了银河系中一些最明亮的恒星，图像由哈勃空间望远镜所拍摄。这个星团是一群年轻、明亮的恒星的集合，仅仅约 50 万年的年龄。当它们燃烧完氢燃料后，就会形成超新星爆发。最终，它们将会演变成新一代的恒星。

　　这张特朗普勒－14 的图像是哈勃的先进巡天相机所拍摄。蓝色、可见光、红外线宽带滤镜以及可以从围绕星团的气体中分离出氢和氮的滤镜，组合应用才生成了这张图像。

特朗普勒－14星团

图片来源：NASA/STScI

赫比格—哈罗 24（HH24）

　　赫比格—哈罗 24 有着小块的星云和新诞生的恒星相连。又窄又细的气体喷流被喷射出来，和周围的气体和尘埃云高速相撞。最后，这些气体和尘埃会聚集在旋转的恒星周围。

　　所有这些团块状的星云物质，统一被称为赫比格—哈罗天体（Herbig-Haro，HH）。它们通常在恒星形成的区域——在此处指的是位于银河系的猎户 B 分子云复合体。最终，周边围绕的物质都会在自身的引力下坍缩成一个围绕新生恒星的星云盘。行星可能从这个扁平盘状的结构中诞生。

赫比格—哈罗24，可以看到一条又窄又细的气体喷流

图片来源：NASA and ESA

创生之柱

　　这是鹰状星云部分区域的图像。它最早于1995年被拍摄到，后来于2011年再次被拍摄到。这一高分辨率的图像（右图）是2014年拍摄的。鹰状星云也被称为星女王星云（Star Queen Nebula）或塔尖（Spire），包含了几个富含气体和尘埃的活跃恒星形成区。创生之柱正是其中一个这样的区域。这个星云也被编号为梅西耶16和NGC6611。鹰状星云和IC4703都是一个弥散的发射星云的一部分。这个弥散的发射星云是一片距离太阳大约7000光年的活跃恒星形成区，位处银河系中靠近太阳系所在旋臂的另一个旋臂中。

气体之塔

　　这张图像（右页左图）是鹰状星云的一小块区域。它的长度达57万亿英里（合91.7万亿千米）。

创生之柱

气体之塔

鹰状星云图像的原图

图片来源 (PP.106-107) : NASA, ESA,and the Hubble Heritage Team (STScI/AURA)

阶梯图片

　　这是 1995 年拍摄的鹰状星云图像的原图（上图）。最初的哈勃空间望远镜的 WFPC2 有 4 台相机：3 台大视场相机和 1 台高分辨率行星相机。高分辨率行星相机在获取高分辨率图像的同时牺牲了大视场，只能得到较小区域的图像。当把这部分图像和其他 3 张图像拼接起来时，就会留下一片黑色空白的区域——就是你看到的位于图像上半部分的区域，看起来好像是这个角落用长焦镜头而其他区域用广角镜头拍摄的。

红外线中的繁星

　　这是创生之柱在红外线下显现的影像。尘埃云不再能够阻挡充满这片天区的恒星。创生之柱透明的轮廓愈加衬托出隐藏在它之后的无数明亮新生的恒星。

无数明亮新生的恒星

图片来源：NASA, ESA/Hubble and the Hubble Heritage Team

银河系中的年老恒星

　　球状星团 M4 包含了几十万颗恒星。这个星团位于银河系，其中包含了一些我们银河系中最古老的、燃料将要耗尽的垂死的恒星，它们被归类为白矮星，年龄在 120 亿—130 亿年之间，几乎和宇宙同龄。

球状星团M4

图片来源：NASA/ESA and H. Richer

马头星云

马头星云，也被称为巴纳德33和IC 434。它位于银河系中，距离地球大约1500光年。它是用地基望远镜能看到的较近的天体之一。

马头星云同时是业余爱好者和专业摄影师最喜爱的天体，因为它的形状好像一件透明的披风，从下方的阴影中缓慢升起。而红外相机的数据则能使得恒星的光穿透星云并让周边的一切显得如气泡和泡沫般梦幻。

哈勃空间望远镜拍摄的距离我们较近的天体图像，进一步激发了人们使用地基望远镜亲眼看到并拍下这些美丽天体的热忱（右图上）。

使用地基望远镜拍摄的马头星云
图片来源：Ken Crawford

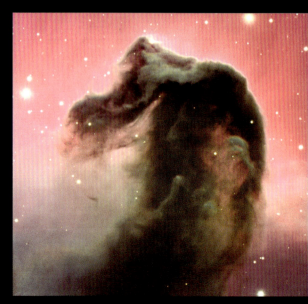

图片来源：ESO

图片来源：NASA/ESA/Hubble Heritage Team（STScI/AURA）

猎户星云

图片来源:NASA, ESA,M. Robberto（Space Telescope Science Institute/ESA）
and the Hubble Space Telescope Orion Treasury Project Team

猎户星云

猎户大星云是一个靠近我们太阳系的恒星形成区，位于银河系中。它被归类为 H II 区域（即电离氢区。——译者注）。在这张图像中，有超过 3000 颗恒星。几颗年轻的巨星发射的紫外线在中心部分开辟出了一片空旷的区域。超过 520 张哈勃空间望远镜在 2004—2005 年间拍摄的图像被用来合成了这张最终的图像（左页图）。

船底星云

这一根气体和尘埃的柱子高达 3 光年（右图）。处于婴儿期的恒星藏身于这根柱子中。这一恒星的育婴房离我们大约 7500 光年之遥。柱子的形状来自于带电粒子流的侵蚀。电离的气体和尘埃从这一结构中不断涌出。图像下部更加致密的部分则抵抗住了侵蚀。

在图像上方，气体以相反的方向喷射出去形成喷流。另一对喷流也清晰可见。这些喷流被命名为 HH901 和 HH902，是新生恒星诞生的标志性产物，来自于围绕恒星螺旋公转的气体和尘埃盘。

在这张合成图像中，蓝色表示氧，绿色表示氢和氮，而红色表示硫。

船底星云

图片来源：NASA, ESA, M. Livio and the Hubble 20th Anniversary Team (STScI)

113

Chapter 7
Galaxies

星系

宇宙中充满了星系。星系，小可包含几亿颗恒星，大至拥有几百万亿颗恒星，是由大量受到引力束缚的恒星、恒星残骸、气体、星际尘埃和暗物质所组成的集合体。每一个星系都围绕着自身的质量中心旋转，这个中心通常是一颗大质量的黑洞。

埃德温·哈勃最先对星系进行了分类，包括椭圆星系、普通旋涡星系、棒旋星系（比如银河系）和不规则星系。现在的理论认为，旋涡星系会通过和其他的星系碰撞、融合的方式演化成为椭圆星系。

截至 2016 年，对于宇宙中有多少个星系这个问题，天文学家给出了一个估算值：大概 200 万亿个！随着星系的演化，它们会因在成长的过程中融合其他的星系而越变越大。

扭曲的星系盘

ESO510—G13（如右图所示）和我们的银河系一样，是一个旋涡星系。因为它是侧面朝向我们的，所以呈现出扁平的模样。据推测，ESO510—G13 扭曲的星系盘是它在和另一个星系碰撞的过程中形成的。

旋涡星系ESO510—G13

图片来源：NASA/Space Telescope Science Institute

哈勃深场

　　这张图像（左图）拍摄于 1995 年，是当时人类拍摄过的宇宙中最遥远的图像，其中包含了成千上万临近或遥远的星系。这张图像所拍摄的区域，只是天空中我们可见宇宙的小小一隅（下图）。哈勃深场提供给科学家一个一窥年轻星系形成和演化的机会，对科学家而言至关重要。

哈勃深场

图片来源：NASA

哈勃超深场

2003 年 9 月 到 2004 年 1 月 间 拍 摄 的 "哈勃超深场"（HUDF）包含了当时光学望远镜可以观测到的最遥远的星系。哈勃超深场展现了 132 亿年前的星系图像。这些星系在宇宙大爆炸（137 亿年前）之后不久形成。

哈勃超深场

图片来源：NASA

哈勃超深场的升级：
更精细的图像

在 2012 年，美国国家航空航天局公布了哈勃超深场的升级版本，即更加精细的"哈勃极深场"（XDF）；随后又在 2014 年公布了加入紫外数据的最终版本（右图），这次发布的名称又改回了"哈勃超深场"。能够拍摄到如此壮丽、遥远的宇宙图景，得益于哈勃空间望远镜的几次软硬件上的升级。随着很多设备的数据质量和观测精度的提高，这些令人惊叹的图像才能诞生于世。下页图是由哈勃空间望远镜上的近红外相机和多目标光谱仪所拍摄的哈勃超深场天区，它仅涵盖了近红外波段的数据。

哈勃超深场的升级

图片来源：NASA and ESA

涡状星系M51A

图片来源:NASA and the Hubble Heritage Team (STScI/AURA)

涡状星系

涡状星系（M51A）可以被大部分小望远镜观测到。它有一个邻近的伴星系，NGC5195（M51B），就在左页图上边缘之外。两个星系之间的相互作用促进了大量恒星的诞生。

逆向旋转的旋涡星系

星系NGC4622貌似在逆向旋转（右图）。大部分旋涡星系拥有由气体和恒星组成的旋臂，通常随着星系的旋转，这些气体和恒星会被甩向后方。天文学家推测NGC4622曾和另一个星系有过相互作用，这导致NGC4622旋臂现在的指向和星系自身的旋转方向相反。

旋涡星系NGC4622

图片来源：NASA and the Hubble Heritage Team (STScI/AURA)

小麦哲伦云中的 NGC602a 星团

在这张图像中，哈勃空间望远镜提供了红、绿、蓝三种颜色的可见光波段数据，钱德拉 X 射线天文台提供了粉色假彩色的 X 射线波段数据，斯皮策空间望远镜则提供了红色假彩色的红外线波段数据。

小麦哲伦云星系距离银河系大概 20 万光年远，但仍是一个非常近的星系。它是一个围绕着银河系旋转的小星系。在这个邻近星系中我们可以一窥其他遥远星系中看不到的景象。

小麦哲伦云星系

图片来源：NASA/CXC/JPL- Caltech/STScI

星暴星系

图片来源：NASA and The Hubble Heritage Team (STScI/AURA)

星暴星系

　　通过研究哈勃空间望远镜所拍摄的星暴星系图像中的颜色，可以帮助我们测量这些星系的年龄。图像中的颜色表征了恒星的温度。年轻恒星的颜色呈蓝色，并且它们更热一些。而年老的恒星则更红、更冷一些。图像中的蓝色区域是星暴星系的区域，在这里有更多的恒星诞生。

　　NGC3310 在大熊座附近，距离地球5900 万光年。这张图像是由第二代大视场行星照相机于 1997 年 3 月和 2000 年 9 月观测所得的图像合成的。

车轮星系

图片来源:ESA, NASA, Hubble

车轮星系

　　左页图所示的车轮状星系实际上是两个星系碰撞形成的。一个较小的星系正从较大的星系中穿过，引力的扰动使车轮星系形成了右上图所示的蓝色星暴环状区域。

　　右边的图像是同一星系的一张假彩色合成图像，由众多空间望远镜拍摄合成。其中，粉色的部分来自钱德拉 X 射线天文台的数据，蓝色的部分来自星系演化探测器（GALEX）的紫外波段数据，绿色的部分来自哈勃空间望远镜的可见光波段数据，红色的部分来自斯皮策空间望远镜的红外线波段数据。所有这些望远镜的数据结合起来，诞生了这样一幅壮丽的图像。这些数据使科学家们得以推测出这个星系的演化过程：在大概一亿年前，一个较小的星系穿过了车轮星系的中心，第一次冲击留下了外部的亮蓝色环状云，环状云的颜色是蓝色，表明这里面有质量为太阳的 5—20 倍的恒星正在诞生。粉色的团块中包含很多双星系统。星系内部的橙黄色环状云是在第二次冲击中形成的。几乎没有恒星在它内部形成。

车轮星系假彩色合成图像

图片来源：NASA/JPL- Caltech

恒星形成的活动星系旋臂

右图是星系 NGC6872 的图像。它奇怪的形状是在和图像上方较小的星系 IC4970 碰撞后造成的。NGC6872 是一个非常大的旋涡星系，大概有 5 个银河系那么大。

这幅图中的蓝色区域，是 NGC6872 上部旋臂中的一个恒星形成区。天文学家认为，它和 IC4970 的碰撞激发了大量恒星的形成。

星系NGC6872

图片来源:ESA/NASA/STScI

星系NGC3079

图片来源:NASA/Space Telescope Science Institute

从星系核中诞生的泡泡

这张星系 NGC3079 的图像是哈勃空间望远镜于 1998 年拍摄的（左页图）。其中红色的部分表示正在膨胀的气体，蓝色和绿色的部分表示星光。大量形成恒星所需要的气体等物质从这个碟状的星系盘中放射而出，形成了一个巨大的泡泡。右边的小图展示了星系 NGC3079 中心的特写。

最终，这些气体会落回星系盘，并在这一过程中和某些气体云碰撞、压缩然后形成新一代的恒星。

根据理论模型，这个气泡是在超新星爆发后留下的小的、热的气体云在附近高温恒星的星风吹动下形成的。射电望远镜的观测显示，这一过程还在进行。最终，吹出星风的高温恒星会死亡，气泡膨胀的能量源就会消失。

星系NGC3079中心的特写

哈勃—V星云

图片来源：NASA, ESA,and The Hubble Heritage Team (STScI/AURA)

NGC6822 中的哈勃—V 星云

哈勃—V 星云所在的星系 NGC6822（左图），是一个直径仅有约 200 光年的小型不规则星系。尽管这个星系仅用地面望远镜就可以观测到，但是其中独立的年轻恒星们却不能被观测到。哈勃空间望远镜的第二代大视场行星照相机则有着足够的分辨率和灵敏度，从紫外波段揭示了星云中的高温恒星群。这些恒星比我们的太阳要明亮 10 万倍。

恒星形成爆发的哈勃—X 星云

16.3 万光年远的星系 NGC6822 是我们银河系的伴星系，它位于人马座方向（右页图）。哈勃—X 星云是星系 NGC6822 中的一片由膨胀的气体组成的恒星形成区。这些气体云于 1881 年被发现，但是在埃德温·哈勃于 1925 年对 NGC6822 进行更好的曝光成像之后才被命名。这张哈勃空间望远镜拍摄的图像展示了由气体云中大质量恒星散发出的紫外辐射导致气体膨胀的过程。星风将导致气体的流失，并最终分散、结束恒星的形成过程。

星系NGC6822

梅西耶 104

梅西耶 104（M104）被称为草帽星系。它距离地球 2800 万光年，直径是 5 万光年。草帽星系中大部分恒星的年龄是 100 亿—130 亿年。天文学家们已经计算出，这个星系拥有 2000 多个球状星团，其中一些甚至可以在哈勃空间望远镜拍摄的图像中看到（右上图）。斯皮策空间望远镜在哈勃空间望远镜的图像中贡献了红外波段的信息（右下图）。添加了红外线波段的数据之后，草帽星系看起来变得扭曲了，这表明它和某个星系之间的引力影响着它自身形状的对称。

草帽星系M104

矮星系NGC1569

图片来源:NASA, ESA, the Hubble Heritage Team (STScI/AURA),and A. Aloisi (STScI/ESA)

充斥着谜团的矮星系：NGC1569

星系 NGC1569 是本星系团中的一个矮星系（左页图）。它同样有恒星形成活动，但是它内部的恒星诞生速度是银河系的 100 倍。另外，NGC1569 曾被认为是一个孤立的星系。那么问题来了：这个孤立的星系是如何做到有如此高的恒星诞生率的呢？通常，恒星在星系碰撞的时候会大量形成。

哈勃空间望远镜为我们提供了答案。通过哈勃空间望远镜的观测，天文学家发现，NGC1569 的距离比地面望远镜所测量的要远了 1.5 倍。在这个新的距离上，它和另一个星系更加接近，而两者之间的相互作用使得恒星得以大量诞生。

NGC1569 正在远离我们

NGC1569 目前距离地球 1100 万光年，还在进一步远离。曾经它和地球的距离仅有 700 万光年。在不断诞生恒星的 NGC1569 中，还有两个很显眼的星团。天文学家们认为，在 NGC1569 附近的不规则矮星系 UGCA92 可能正在和 NGC1569 有着引力上的扰动，而这个矮星系可能是 NGC1569 的一个伴星系。

图片来源:NASA/JPL/Hubble

星系 NGC1512

　　星系 NGC1512 是一个棒旋星系。这张多色合成的图像由哈勃空间望远镜的暗天体摄谱仪（Faint Object Camera，FOC）、第二代大视场行星照相机以及近红外相机和多目标光谱仪经过曝光后得到的。

棒旋星系NGC1512

图片来源：NASA, ESA, Dan Maoz (Tel-Aviv University, Israel,and Columbia University, USA

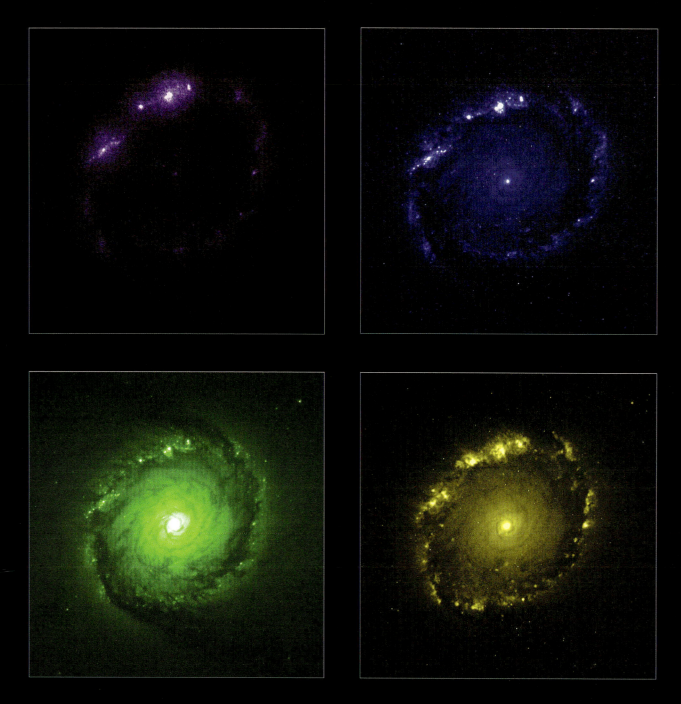

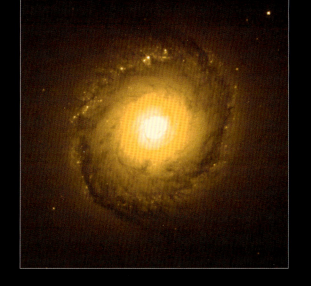 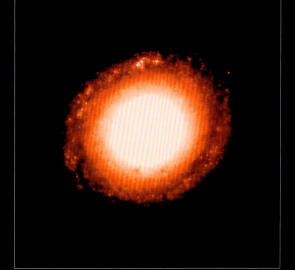 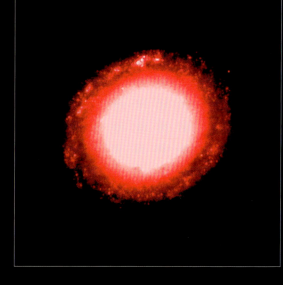

不同波段的图像

　　左页上方的两张图像展示了紫外波段不同频段的星系图像。左页下方的两张图像显示的是可见光波段中两个不同频段的星系图像。而本页上方的三张图像则展示了红外线波段不同频段的星系图像。这七张图像合成在一起，形成了我们看到的第 139 页的 NGC1512 的壮丽景象。

图片来源：NASA, ESA, Dan Maoz (Tel-Aviv University, Israel, and Columbia University, USA)

中心环

星系 NGC1512 拥有两个环，一个外环，一个中心环。右边的图像显示了中心环的细节图像。下一页的图像则同时展示了外环和中心环。

星系NGC1512中心环的细节图像

图片来源：NASA, ESA, Hubble, LEGUS;
Acknowledgement: Judy Schmidt

星系NGC1512的外环和中心环

图片来源：ESA/Hubble, NASA

合并星系

　　哈勃空间望远镜的合成图像（上图）展示了星系 NGC1512（左）和星系 NGC1510（右）之间的相互作用。这两个一大一小的星系最终会离得越来越近。在经过一段时间后，它们会合并成为一个星系。现在它们正处在合并的过程中，不断地用引力影响着对方。因为这两个

星系距离地球都有大约 3000 万光年远，所以我们能够从图像中看出它们的大小比例。

　　NGC1510 的图像（下页图）是 NASA 某张图像的局部特写。这个较小的矮星系正被它较大伴星系的引力不断拉扯。

梅西耶 101 星系

在这两张梅西耶 101（M101）的图像中（两张的组成各有不同），红色部分来自斯皮策空间望远镜的红外数据，表示恒星形成过程中的尘埃发射出的热辐射；黄色部分来自哈勃空间望远镜的可见光数据，表示和上述尘埃同方向的恒星发出的可见光；蓝色部分来自钱德拉 X 射线天文台所观测到的 X 射线，这些 X 射线来源于爆炸的恒星、热气体以及受到强引力作用而聚集在一起的物质。

图片来源：NASA/ESA/CXC/SSC/STScI

图片来源：NASA/JPL- Caltech/STScI

合并星系：II Zw 096

　　这张展示了两个合并中的星系——II Zw 096 的图像，是由斯皮策空间望远镜和哈勃空间望远镜的观测数据叠加而成的。蓝色部分来源于哈勃空间望远镜的远紫外和可见光波段的观测。青色部分则来自于哈勃空间望远镜的近红外波段的观测。橙色部分来自于斯皮策空间望远镜的红外线波段的数据，而红色则来源于它的中红外波段的数据。

　　研究人员发现，这两个星系碰撞所形成的喷流距离它们的中心十分遥远。他们估算在这个星暴星系中，每年都会有约等于 100 个太阳质量的恒星诞生。

合并星系II Zw 096

图片来源：NASA/JPL- Caltech/STScl

双星系NGC454

图片来源：NASA, ESA, the Hubble Heritage Team (STScI/AURA)-ESA/Hubble Collaboration, and M. Stiavelli (STScI)

双星系：NGC454

NGC454 是一个双星系。其中的一个星系是偏红色的椭圆星系，另外一个则是一个不规则星系。它们之间的相互作用使得双方的形状都扭曲了。因此，蓝色的区域可能是不规则星系的一部分。在拍摄左边这张图像的时候，这个双星系中还没有出现因为星系的合并而引起的恒星诞生的现象。

优雅的撞击：武仙座星系团

右页的图像展示了 NGC6050 和 IC1179 这两个旋涡星系合并的样子，它们都属于武仙座星系团。两者合并在一起，又被称为 ARP272。它们的旋臂以十分优美的方式缠绕在了一起。在这两个星系的上方，我们能看到还有第三个较小的星系也参与了这个星系合并的过程。

NGC6050和IC1179这两个旋涡星系在合并

图片来源:NASA,ESA, the Hubble Heritage Team (STScl/AURA)-ESA/
Hubble Collaboration, and K. Noll (STScl)

盘状星系之间的碰撞

　　星系 NGC520 实际上是两个盘状星系碰撞的结果，但这两个星系的星系核还没有融合在一起。这两个纠缠在一起的星系直径达10 万光年，距离地球约 1 亿光年。NGC520是一个十分明亮的星系，即使使用地面上的小望远镜，我们也可以观测到它。

星系NGC520

图片来源：NASA,ESA, the Hubble Heritage Team (STScI/AURA)-ESA/Hubble Collaboration, and B. Whitmore (STScI)

侧视旋涡星系

如果我们从 NGC4013 的银极（天球上沿着银河画出的一个大圆称为银道，距银道90°的点称为银极。在北的称北银极，在后发座内；在南的称南银极，在玉夫座内。——编者注）方向看向它，会看到一个车轮的形状。在这张图像中，我们并不能看到星系的全貌，这是因为它在天空中的张角要大于哈勃空间望远镜的视场直径。沿着棕色部分看去（右下至左上），我们能够发现一些较小的蓝色区域，天文学家认为这些区域是恒星的诞生区域。位于左上角十分明亮的那颗恒星只是在视线上位于这个位置，它处于这个星系的前面，并不属于这个星系。实际上，这颗恒星距离我们非常近，属于银河系。它只是凑巧正好位于 NGC4013 的视线方向上。

星系NGC4013的局部图

图片来源：NASA and the Hubble Heritage Team (STSci/AURA)

宇宙尘兔

SpaceTelescope.org 网站把哈勃空间望远镜拍摄到的这张图像称作"宇宙尘兔"［"尘兔"（Dust Bunnies）指在家具下方形成的小团状灰尘。"宇宙尘兔"（Cosmic Dust Bunnies）亦为一个乐队的名字。——译者注］。就像墙角或者床下聚集的灰尘团块一样，这片尘埃云显示出了它自身的多变和复杂。我们经常使用地球上的东西来描述在空间望远镜中看到的太空景象，就像这个"宇宙尘兔"。

NGC1316 是一个椭圆星系。这张图像中所展现的尘埃带和星团暗示着这个星系是由两个富含气体的星系合并而成的。

宇宙尘兔

图片来源：NASA, ESA, and The Hubble Heritage Team (STScI/AURA)

Chapter 8
Galaxy Clusters: Gravitational Lenses

星系团：引力透镜

在宇宙中，一些星系团的巨大引力可以产生一种强大的透镜。这些星系团包含着成百上千个由引力束缚在一起的星系。来自星系团后遥远星系的光线并不能直接被观测到。因为距离太过遥远，即使是哈勃空间望远镜也不能观测到它的暗弱光线。但是，某些星系团的引力十分强大，以至于它们可以扭曲、汇聚光线。这时，我们就可以使用望远镜，通过观测星系团汇聚的光线，来观测这些遥远的星系。天文学家就是这样使用引力透镜来观测十分遥远的星系的。

哈勃深场

哈勃深场项目的目标之一是使用引力透镜来研究早期星系的演化过程。

星系团艾贝尔 1689

据估计，星系团艾贝尔 1689 拥有 10000 亿颗恒星。通过它产生的引力透镜，我们可以看到它后面遥远的星系。透过引力透镜，这些星系以光弧的形式围绕在中心的星系团附近。右边的三张图像是未经叠加和颜色合成的原始图像的局部特写。

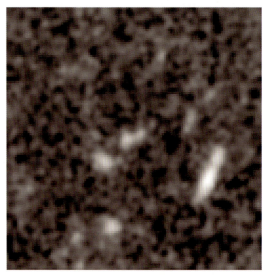

未经叠加和颜色合成的星系团
艾贝尔1689原始图像的局部特写

图片来源：NASA/ESA/JPL-Caltech/STScI

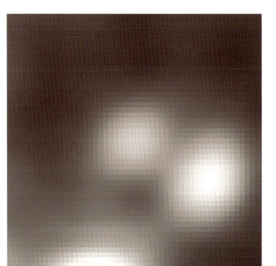

广域照片

　　将左边的这张哈勃空间望远镜所拍摄的星系团艾贝尔S1063的广域图像和前页的那张在同一片天区没有使用引力透镜观测的图像进行对比，可以发现，引力透镜效应有一个很明显的特征，就是会在中心星系团附近形成弧形或曲线形的扭曲图像。

星系团艾贝尔S1063的广域图像
图片来源：NASA, ESA, and J. Lotz (STScI)

艾贝尔S1063

图片来源:NASA, ESA,Digitized Sky Survey 2

Acknowledgement: Davide De Martin

艾贝尔S1063观测的对比天区

图片来源:NASA, ESA,and J. Lotz (STScI)

陆基望远镜拍摄的艾贝尔 S1063

　　这张图像是由一个陆基望远镜拍摄的,它展示了星系团艾贝尔 S1063 以及它附近的天区。

艾贝尔 S1063 的对比天区

　　这张图像显示了星系团艾贝尔 S1063 观测的对比天区。哈勃空间望远镜的其中一个照相机指向星系团艾贝尔 S1063 本身,另外一架照相机同时拍摄了艾贝尔 S1063 的邻近天区。通过对比两者的图像,我们就会发现,不管从哪个角度观察宇宙,它们都十分相似。

大质量星系团

这张图像展示了一个大质量星系团 MACS J1206.2-0847。像这样大质量星系团，会产生十分巨大的引力透镜，任何穿过它的光线都会被扭曲、汇聚。来自遥远星系的光线会受到前方大质量星系团中的暗物质引力的影响，从而被扭曲。天文学家正在进行一项名为"CLASH 巡天"（用哈勃望远镜巡天搜寻星系团引力透镜和超新星）的调查研究，以此绘制暗物质在天空中的分布图。暗物质是不能被观测到的，我们仅能通过暗物质对可见物质的引力效应来计算并发现它。引力透镜可以让我们透过它看到本因过暗无法被观测到的天体。像 MACS J1206 这样的星系团，就是帮助我们拓展望远镜来观测遥远星系、研究暗物质的理想天体。

大质量星系团MACS J1206.2-0847

图片来源：NASA, ESA, M. Postman (STScI), and the CLASH Team

前沿领域计划

　　"前沿领域计划"是美国国家航空航天局和欧洲空间局的合作计划，在这个计划中，天文学家尝试使用哈勃空间望远镜捕获到宇宙最初的那一缕光。

笑脸星系团

　　笑脸星系团 SDSS J1038+4849 的"眼睛"是两个非常明亮的星系（右图）。笑脸上的"嘴"和"头"实际上是引力透镜效应造成的弧形像。笑脸星系团是宇宙中最大的结构，因此它们有能力扭曲、弯折光线。

笑脸星系团SDSS J1038+4849

图片来源：NASA, ESA, M. Postman (STScI), and the CLASH Team

星系团艾贝尔 1689

艾贝尔 1689 拥有很多成员星系。通过哈勃空间望远镜的先进巡天照相机对可见光波段和红外波段长达 34 个小时的曝光和叠加，天文学家得到了这张令人惊叹的图像。它比之前拍的图像更加清晰，拥有更多细节。这张图像显示了明亮的恒星以及遥远的旋涡星系。其中一些星系呈现出弧状的条纹。

这些条纹实际上就是引力透镜的特征。艾贝尔 1689 有着很大的质量，因此它的引力能够扭曲周围的空间。通过扭曲空间，星系团可以影响背景光线在空间中的运行方向。图像中的扭曲条纹就是星系团背后一个个星系的扭曲的像。这些星系通常都太过暗弱，除非经过这些巨大的引力透镜的聚光、增亮，否则我们很难看到它们。

星系团艾贝尔1689

图片来源：NASA, ESA, the Hubble Heritage Team (STScI/AURA),J. Blakeslee (NRC Herzberg Astrophysics Program, Dominion Astrophysical Observatory), and H. Ford (JHU)

最遥远的星系

　　星系团 MACS J0647+7015 的引力透镜使得我们能够看到目前为止已知最遥远的星系——MACS 0647-JD。没有引力透镜的帮助，我们无法看到它。这是一个小于我们的银河系，并且十分年轻的星系。

　　宇宙有着大约 137 亿年的年龄。而我们所看到的，是这个星系在宇宙仅有目前年龄的三分之一时候的样子。它发出的光线要经过很远的距离，才能透过引力透镜照射在哈勃空间望远镜的物镜上。

星系MACS 0647-JD

图片来源：NASA/ESA/STScI/CLASH

星系团 SDSS J1110+6459

　　这个被称为 SDSS J1110+6459 的星系团距离地球 60 亿光年。它包含了上百个星系。图像中蓝色的弧是由一个名为 SGAS J111020.0+649550.8 的更遥远的星系的三个分离的像组成的。大质量的星系团 SDSS J1110+6459 产生的引力透镜放大并扭曲了这个遥远星系的像。

星系团 SDSS J1110+6459

图片来源：NASA, ESA, and T. Johnson (University of Michigan)

暗物质分布图以及星系团

在上图中，蓝色部分表示通过星系团发现的暗物质分布区域。这个星系团中的 72 个合并星系被用来研究暗物质。天文学家们发现暗物质和暗物质的相互作用并不如预期的那样强。

星系团艾贝尔 2744 的透镜

在左边这张图像中，哈勃空间望远镜借助大质量星系团艾贝尔 2744 产生的引力透镜来一窥宇宙最深处的秘密。艾贝尔 2744 的透镜扭曲了空间，增亮、放大了将近 3000 个遥远的背景星系。这些星系发出的光线，需要经过 120 亿年才能到达我们的眼睛里。在这张图像中，我们看到的是 120 亿年前这些星系的样子。

星际空间中的光

右页图中的蓝光不是来自于恒星或星系，而是来自于被星系团的引力所撕碎的死亡的星系。这一束蓝光被称为"星系团内光"。

星系团艾贝尔2744的透镜

图片来源: NASA/ESA/STScI

图中的蓝光是"星系团内光"

图片来源:NASA, ESA, M. Montes (IAC), and J. Lotz, M.
Mountain, A. Koekemoer, and the HFF Team (STScI)

多星系团

　　天文学家通过研究星系团，能测量出它们对背景遥远的天体所发出的光造成的引力透镜效应；反之，天文学家也利用哈勃空间望远镜观测得到的引力透镜效应，绘制了星系团内部的质量分布图。

图片来源：ESA/Hubble, NASA, HST Frontier Fields
Acknowledgement: Mathilde Jauzac (Durham University, UK and Astrophysics & Cosmology Research Unit, South Africa) and Jean-Paul Kneib (École Polytechnique Fédérale de Lausanne, Switzerland)

质量分布图

　　左图中叠加的蓝色图层是根据右下侧质量分布图绘制的。通过重建质量分布，我们可以计算出暗物质的分布区域。这个计算所得的结果随后被可视化并用于宣传暗物质的存在。

The Future of
Space Telescopes

空间望远镜的未来

空间望远镜的首要功能并不是拍摄壮丽的图像，而是帮助我们研究、了解宇宙。但是，我个人把拍摄壮丽的图像作为空间望远镜的主要任务之一。因为它能够让我们更深刻地理解我们研究和发现的背景，并让宇宙变得更加令人印象深刻。

未来的空间望远镜，比如即将升空的詹姆斯·韦伯空间望远镜，将有能力以更高的分辨率触及更深、更远的宇宙。毫无疑问，詹姆斯·韦伯空间望远镜必将超越之前的任何空间望远镜，包括哈勃空间望远镜。它的大部分观测数据并不会分布在可见光波段，但是它所拍摄的图像定然比它的先行者——哈勃空间望远镜更加耀眼。

未来值得期待。

Acronyms
缩写词对照表

ACS = Advanced Camera for Surveys 先进巡天相机

AURA = Association of Universities for Research in Astronomy 美国大学天文研究联盟

ASTER = Advanced Spaceborne Thermal Emission and ReflectionRadiometer 高级星载热辐射热反射探测仪

CfA = Harvard-Smithsonian Center for Astrophysics 哈佛—史密松森天体物理中心

CNRS/INSU = French National Centre for Scientific Research/Institute for Earth Sciences and Astronomy 法国科研中心 / 地球科学和天文学研究所

CXC = Chandra X-ray Center 钱德拉 X 射线研究中心

ERSDOC = Earth Remote Sensing Data Analysis Center 地球遥感数据分析中心

ESA = European Space Agency 欧洲空间局

ESO = European Southern Observatory 欧洲南方天文台

GRC = Glenn Research Center 格伦研究中心

GSFC = Goddard Space Flight Center 戈达德航天中心

HEIC = Hubble European Space Agency Information Centre 哈勃欧洲空间局信息中心

HST = Hubble Space Telescope 哈勃空间望远镜

INAF = National Institute for Astrophysics, Italy 意大利国家天体物理学研究所

JAROS = Japanese Resource Observation System Organization 日本资源勘探组织

JHUAPL = Johns Hopkins University Applied Physics Laboratory 约翰霍普金斯大学应用物理实验室

JPL-Caltech = Jet Propulsion Laboratory/California Institute of Technology 加州理工学院喷气推进实验室

JSC = Johnson Space Center 约翰逊空间中心

METI = Ministry of Economy, Trade, and Industry, Japan 日本经济产业省

MSSL = Mullard Space Science Laboratory, UK 穆拉德空间科学实验室

NASA = National Aeronautics and Space Administration 美国国家航空航天局

NOAA = National Oceanic and Atmospheric Administration 美国海洋和大气管理局

NRAO = National Radio Astronomy Observatory 美国国家射电天文台

NSF = National Sanitation Foundation 美国国家卫生基金会

SDO = Solar Dynamics Observatory 太阳动力学天文台

SSI = Space Science Institute 空间科学研究所

STScI = Space Telescope Science Institute 空间望远镜科学协会

UKATC/STFC = United Kingdom Astronomy Technology Centre/Science and Technology Facilities Council 英国天文科技中心 / 科技设施委员会

USGS = U.S. Geological Survey 美国地质勘探局

VLA = Very Large Array 甚大阵射电望远镜（美国国家射电天文台）

VLT = Very Large Telescope 甚大望远镜（欧洲南方天文台）

Index
索引